性、金钱、幸福与死亡

SEX, MONEY, HAPPINESS AND DEATH

[荷] 曼弗雷德·凯茨·德·弗里斯 著

丁丹 译

人民东方出版传媒
People's Oriental Publishing & Media

东方出版社
The Oriental Press

图书在版编目（CIP）数据

性、金钱、幸福与死亡 / (荷) 曼弗雷德·凯茨·德·弗里斯 著；丁丹 译. — 北京：东方出版社，2016.7

（曼弗雷德管理文库）

书名原文：Sex,Money,Happiness,and Death

ISBN 978-7-5060-9148-0

Ⅰ.①性… Ⅱ.①曼… ②丁… Ⅲ.①人生哲学—通俗读物 Ⅳ.①B821-49

中国版本图书馆CIP数据核字（2016）第185146号

First published in English under the title

Sex, Money, Happiness, and Death: The Quest for Authenticity

by Manfred Kets De Vries

Copyright © Manfred Kets De Vries 2009

This edition has been translated and published under licence from

Springer Nature Limited.

性、金钱、幸福与死亡（精装版）

（XING、JINQIAN、XINGFU YU SIWANG）

作　　者：〔荷〕曼弗雷德·凯茨·德·弗里斯
译　　者：丁　丹
责任编辑：崔雁行　刘晋苏
出　　版：东方出版社
发　　行：人民东方出版传媒有限公司
地　　址：北京市东城区朝阳门内大街166号
邮政编码：100010
印　　刷：嘉业印刷（天津）有限公司
版　　次：2017年2月第1版
印　　次：2025年5月第5次印刷
开　　本：880毫米×1230毫米　1/32
印　　张：11.125
字　　数：210千字
书　　号：ISBN 978-7-5060-9148-0
定　　价：55.00元
发行电话：（010）85924663　85924644　85924641

SEX, MONEY,
HAPPINESS, AND DEATH

谨以此书献给我的孩子们，是他们让我明白：

没有人会因为活着而变老，只会因为对活着失去兴趣而变老。

还献给我的母亲，她是此书的奠基人。

目录

SEX，MONEY，
HAPPINESS，AND DEATH

前言 //001

第1篇

性欲之我思 //001

第1章 **在弥天之罪的阴影下** //003

　　亚当与夏娃被逐出天堂的故事，可以简单地解释为一对彼此渴望的男女被禁止释放激情的故事。难怪他们会越轨。但是故事又不局限于此，它还与警戒有关，它警告人们——所有的性欲都要付出代价。丧失童贞——发生过性行为——就会被赶出伊甸园。

亚当与夏娃的传说 //007

没有乐趣的性 //011

基因驱动下的生存机器 //016

第 2 章　**欲望的悖论**　//020

很小的时候，人们就被灌输了很多与性有关的条条框框。尽管受到这些禁忌的限制，性欲仍然无孔不入。幻想是人类大脑特有的功能，在人类生活中扮演着重要的角色，因此性禁忌对性也有好处：违反禁忌带来的兴奋也能激起欲望。人们对性心存恐惧，部分是因为性的危险性。

性欲：地毯下的蛇　//024

依恋　//029

爱与它有何相关　//033

罗曼蒂克式的爱情　//036

第 3 章　**马尔斯遇见维纳斯**　//041

忠诚也是两性关系成功的主要因素。对女人来说，忠诚意味着将性资源留给一个伴侣享用；从进化心理学的角度来看，忠诚意味着只延续一个伴侣的基因。这也有助于解释为什么男人痛恨妻子的淫荡——他们想要确保妻子所生的孩子是自己的。这也有助于解释男性的嫉妒心理，男人甚至会因为嫉妒杀人。

进化心理学和伴侣选择　//042

寻找相近之人　//046

第4章 **性心理** //054

　　认为性欲的目标就是性活动的男人显著多于女人，认为性欲的目标是爱、感情亲密的女人则显著多于男人。"男人和女人聊天是为了上床，女人和男人上床是为了聊天"，这一说法可能有点玩世不恭，但却道出了实情。男人和女人对性的看法如此不同，再加上大家都自以为是地认为别人和自己的想法一样，这就无怪乎男人和女人会陷入麻烦。

普遍存在，形式多样 //056

性心态的各种差异 //057

性与时光流逝 //061

多少性才够 //062

性战场 //069

治疗的问题 //072

第5章 **性欲与创造力** //074

　　自石器时代开始，具有艺术气质的人更能吸引异性与之交配。全世界的人在恋爱求欢时，都会说很多情话，这些甜言蜜语是很好的催情剂。我们的远古祖先，是否有些人比另外一些人更善于表达自己，不管是用语言还是用某种艺术方式？"来看看我的版画"，这一邀请是否带有原始的诱惑？

第一件创造品：乳房崇拜　//077

富有创造力的人的警报　//078

放荡的生活　//079

第6章　来自倭黑猩猩的启示　//087

倭黑猩猩是现存的最和平的灵长类物种，它们的口号很可能是："做爱，不打架。"在倭黑猩猩的社会，性可以用于任何目的，从打招呼到劝架。性可以用于获得权力、拉帮结派、表达亲密、交换食物、表达尊重或者臣服，甚至偶尔用于传宗接代。雄性用性解决"猩际"冲突，雌性想被某个圈子接受、获得某种食物、向多个雄性寻求帮助时，也会运用性。

让两性更平等　//089

独立的依赖　//091

最后的思考　//094

第2篇

金钱之我思　//097

第7章　贪欲之罪　//099

他的第一任妻子这样评价他们的分手："罗曼也

许能买下全世界，但是无法买到长久的爱情和幸福。我担心他因为太过富有而绝不会幸福，他总是想要更多。尽管他很有钱，他还是需要一再确保自己仍然强壮、有男子气概。于是，正如经常发生的那样，他就找一个比妻子年轻很多的漂亮女孩来证明自己。"

财富疲劳综合征的一个案例　//102

第8章　金钱背后的故事　//107

我们能在梦里丢钱、得钱、给钱或者花钱。梦到找钱，可能意味着我们渴望爱或者权力。梦到丢钱，可能象征着遭遇挫折，象征着我们觉得脆弱、易受伤害甚至失控，或者象征着我们缺乏抱负、权力或自尊。很多人梦到钱，只是因为想钱、缺钱或者花钱无节制。最后一种情况常出现于那些负债累累的人身二。

潘多拉魔盒　//108

金钱的象征意义　//111

第9章　钱是王八蛋　//115

一个执行官非常严肃地对我说："如果不能激起别人的嫉妒和敬畏，钱又有什么用呢？"有那种想法的人，用钱报仇、斗气。炫耀财富是治疗童年创伤的工具，不管创伤是真实的还是想象的。对这种人而言，挣很多钱不仅是成功的象征，而且是有意让别人嫉妒。

金钱与面子　//116

当钞票让你眼红　//119

太有钱　//122

第10章　金钱与生活　//127

当有钱人面对满脸堆笑或带着厚礼走向他们的人时，心里会纳闷："这些人是真正的朋友吗？还是只想利用我的财富和权力？"美国电视节目主持人、"脱口秀女王"奥普拉·温弗瑞曾经说过："很多人都想坐你的豪华轿车，但是你想要的是一个在你的豪华轿车抛锚时能带你搭公共汽车的人。"

"钱买不到爱"　//128

买断满足　//129

买断亲密　//130

买断时间　//131

买断正直　//133

买断健康　//136

第11章　**金钱之禅**　*//*138

我们需要明白，所有由金钱引发的问题、担忧以及窘迫，很大程度上都是我们自找的。尽管我绝非忽视有人真的为钱发愁这一事实，但是对很多人而言，为钱发愁只是一种心理状态。如果我们满足于自己所拥有的以及自己所做的，我们就会真正地富有。

散尽千金　*//*140

第3篇

幸福之我思　*//*145

第12章　**寻找野草莓**　*//*147

野草莓象征着生命的甜蜜点——有关幸福快乐时光的回忆。幸福快乐的时光是短暂的，我们所有人都抓住对这些时光的回忆牢牢不放。

作为心理治疗师、精神分析师、领导力教练以及顾问，我帮助过人们理解他们的生命之旅，尝试充当他们内在和外在旅程的向导。在每个角色中，多年以来，我看到幸福话题一次又一次地作为关键话题冒出来。

两段旅程　//148

第13章　难以捉摸的幸福　//151

大多数研究幸福的人，不管支持哪种取向，都认为幸福不是常客，只会偶尔眷顾我们。然而有不少人，如果被问到他们是否幸福，他们会说自己基本上是幸福的——幸福感时强时弱。或许，我们应该把幸福比做多云天的太阳，尽管它只能偶尔露个脸，但是我们知道它一直在那里。而且，如果我们去追逐太阳，它就会远离我们。

寻找失乐园　//154

积极心理学　//156

第14章　幸福等式　//159

幸福的人通常具有这样的特点：已婚，不属于少数民族，具有积极的自尊，外向，觉得自己能掌控命运。他们很少过度关注事情不好的一面（他们更乐观），所生活的社会经济发达、政治稳定、公民享有政治自由，有知心朋友，拥有朝有价值的目标奋斗的资源。

为了生存而幸福　//161

幸福的相关因素　//162

第15章　**我们的世界观**　**//169**

　　　　如果我们指望别人让我们幸福，我们只能不断
失望。我们需要采取主动。自怜不会带来幸福，放
弃也不会。很多人，他们想让自己有多幸福，他们
就有多幸福。重要的是我们如何看待成败。我们过
于关注自己无法做到的事情吗？如果我们失败了，
我们会怪罪别人吗？还是，我们告诉自己我们能够
有所作为？

内控与外控　**//172**

乐观与悲观　**//174**

外向与内向　**//176**

高自尊与低自尊　**//177**

第16章　**解构幸福**　**//179**

　　　　生活中要有爱、有希望，还要有所事事。西格
蒙德·弗洛伊德也有类似的想法，在他看来，心理
健康的两大要素就是爱的能力和工作能力。不幸的
是，因为弗洛伊德是工作狂，所以他不知道玩耍也
是人类天生的一个必要部分。我们天生好奇、喜欢
探索，从试验、尝试新东西的小孩子身上，我们就
可以看到这一点。

有人可爱　//180

有事可做　//185

有梦可追　//187

第17章　**平衡工作与生活**　//192

即使工作与生活平衡的想法很难实现，为了工作与生活平衡所付出的努力也会让你在日后获得回报。没有人在临死之前会说："我应该花更多的时间工作。"对幸福而言，和家人共享特殊时刻是至关重要的。而且，能够回忆这些快乐的时刻，就是再次享受生命。

活在当下还是活在未来　//193

外在成功与内在成功　//196

第18章　**比较与幸福**　//199

有个农民，上帝愿意满足他的任何愿望，但是有个条件——不论他想要什么，上帝给他一份，就会给他的邻居两份。想到不论自己得到什么，邻居所得到的都会超过自己，农民就觉得很难受。农民仔细考虑之后，最终对上帝说："拿走我的一只眼睛吧。"

社会比较　//200

第19章 **应对压力** *//*205

大多数人认为，女人比男人更擅长体察别人的心思，更擅长表达情感，更热衷于亲昵行为。正如很多研究一再表明的那样，来自家人、朋友、知己的帮助和关怀能够缓冲压力，提升幸福感。有人说说知心话，可以缓解压力。最容易生病和不幸福的人（不管是男人还是女人）就是那些所有问题都一个人扛，不能或者不愿倾诉自己烦恼的人。

身体是本钱 *//*207

第20章 **游戏人生** *//*210

当我们玩耍的时候——即使是在做中玩——我们就回到了童年世界。我们再次体验到欣喜感、惊奇感和期待感——这些感受构成了婴儿的世界。我们觉得自己像小时候一样活泼、一样热情。我们进入幻想的世界、白日梦的世界、夜梦的世界，在这里，时间变得不再重要。

玩耍的作用 *//*211

在自我协助下的退化 *//*213

探索需求 *//*217

第4篇

死亡之我思 //223

第21章 人固有一死 //225

知道总有一天会死，让很多人如此害怕死亡，以致他们从来没有活过。他们踮着脚尖走过自己的一生，目的是安全到达死亡终点。他们似乎永远不会理解苏格拉底的警言："未经探索的人生过得没有意义。"把所有时间都花在担心死亡上，人不会活得快乐。

人类的悲剧 //227

第22章 拒斥死亡 //229

这幅震撼人心的画作，画的是一个小女孩背对着她死去的母亲（母亲躺在床上）。现场没有其他人打破她的孤独感。女孩的眼睛睁得大大的，因为怀疑；她的脸扭曲变形了，因为悲伤；她的手捂着耳朵，因为不想接受事实。《死去的母亲和孩子》正好刻画了母亲去世后我所体验到的感受。

非理性的胜利 //230
悲伤的变迁 //232
悲伤的阶段 //239

第23章　**死亡与生命周期**　**//241**

一个富商向一位禅师祈福，大师挥动笔墨，写下了"祖死，父死，子死"六个字。

富商很生气。"你怎么这样诅咒我的家人？"他问。"这不是诅咒，"大师说，"是对你最大的祝福。我希望你家里的每个男人都能活到当祖父的年纪，希望你家里不会有儿子死在父亲之前。还有什么比家人以这样的顺序去世更幸福的事情吗？"

整合与绝望　**//244**

第24章　**超越终极的自恋性创伤**　**//249**

为了肯定我们的自尊、维护我们的存在，防止我们的自我受到终极侮辱——不可避免的死亡——我们不惜一切代价让自己的生命"充满意义"、"永垂不朽"。我们害怕自己对所处的群体来说是微不足道的，让生命"永垂不朽"则是压抑和克服内心这种恐惧感的巧妙方式。为了驱走对死亡和卑微的恐惧感，我们不得不创建出一套能够创建延续性的心理构想。

死亡仪式　**//250**
感觉活着　**//251**

第 25 章　**不朽体系**　**//**256

我们会问自己一些存在性问题，比如"我是谁"，"我来自哪里"，"我该做什么"，"我死后会发生什么事"，为的是解读自己的生命，在某个群体为自己找到一席之地。思考这些问题有助于我们构建意义、永久性和稳定性，会增强我们的自尊感，传达一种希望——希望获得抽象意义上，甚至字面意义上的不朽。

我们要去向何方　**//**257

第 26 章　**后工业时代的死亡**　**//**267

在前工业社会，临终关怀一般在家里进行，不是遮遮掩掩的，而是生命周期的一部分。但是，在后工业社会里，临终关怀的任务交给了专业的医护人员，濒死过程限制在医院或者其他长期看护机构，亲朋好友很少有机会陪伴将死之人走过最后一程。对我们很多人而言，在医院辞世是非常没有吸引力的选择。

处理死亡　**//**270

第 27 章　**走进那个良夜**　**//**274

我们所有人面临的挑战就是：超越拒斥，把死亡看作自然过程的一部分。一个人的死亡不该仅仅被看作大自然生物节律的一个正常阶段——用英国哲学家乔纳森·米勒的话说，就是"与大自然之间一个必赴的约会"——也该被看作广大物质世界的一部分。死亡，和出生一样，应该被看作生命的基本元素，一次蜕变或者另外一种形式的分离。

临终遗言 //278

转变的步骤 //280

临终关怀体系 //283

第28章　灯光渐逝 //286

我们活在肉身上，肉身总有一天会腐烂，我们总有一天会死去。当我们还活在肉身上，我们就要尊重这段人类之旅。我们必须战胜恐惧，珍惜每一天，让每一刻都活得有意义。在探索生命、美丽和人类成就这些话题上，还有很多话可以说，重要的是活得没有遗憾。

你呢 //287

下一个伟大的冒险 //291

后记　求真 //293

作者简介 //313

前言

生命的悲哀之处不在于结束得过早，而在于开始得太晚。

W.M. 刘易斯

人生有三大事：第一是为善，第二是为善，第三还是为善。

亨利 · 詹姆斯，美国作家

衡量一个人的最好方式，就是看他怎么对待对他毫无用处的人。

塞缪尔 · 约翰逊，英国文学家

有时，如果你希望事情有所好转，你必须亲力亲为。

克林特 · 伊斯特伍德，美国影星

作为一名管理学及领导力教授，我过了好久才知道，学术期刊上所发表的管理学研究论文，大多数是老调重弹、晦涩难懂的，而且往往极其枯燥。更糟糕的是，当我询问一些管理实践者，这些研究发现对他们的工作有多大帮助时，他们的回答实在让人沮丧。在他们的眼中，大多数研究都是非常不相干的。对许多管理学者而言，从经验中学习——研究商业世界（或者大体上与商业有关的世界）的现实问题——似乎并非首选。尽管（理论上而言）理论和实践之间应该是个连续体，但实际上并非如此。许多管理学研究的贡献仅仅是丰富管理学文献。《菜根谭》中有句名言——"水至清则无鱼"，这正是许多管理学研究的真实写照：纯粹的管理学理论几乎并不关心复杂棘手的管理实践问题。不管这些研究设计得多么精巧，它们对管理实践者都没有什么用处。对于执行官（executives，指执行官、管理者、经理人、行政人员等，下文中通称为"执行官"）的经营管理而言，许多研究论文的作用跟星相指南差不多。我们甚至可以说，其作用还不如星相指南，因为星相指南往往还能提供一些实用建议。

禁锢在象牙塔中

对管理学者而言，在"A"类期刊上发表文章变成了一种通过仪式，是通往晋升和终身职位的康庄大道上的一个显著标志。文章也许能够精确地反映管理学者的数据处理能力，但是丝毫没有考虑到长期受困的管理实践者。尽管商学院应该像医学院或者工程学院一样研究前沿问题，帮助实践者创建更好的组织，但是它们往往辜负了这一崇高使命。管理学者更关心怎样在学术圈子里树立口碑。商学院的研究，以及帮助实践者创建更有效组织的实践知识，这二者应该互相滋养。但是，现实情况是，它们经常就像黑夜里擦肩而过的两艘船，互不相干。

应用型学科应该追求什么，这本是一个常识，但是在追求学术地位的过程中，管理学者已经忽略了这一常识。来自商学院的大多数研究，都对这一常识视而不见。这加深了管理学者和执行官之间的隔阂。执行官需要一群能够真正帮助他们解决实际问题的人，而面对的却是一群和他们的关注点截然不同的人。

更可悲的是，许多执行官容易上当受骗。随着商业世界的全球化，执行官面临的问题越来越复杂，他们迫切希望解决这些问题，又与可能为之提供帮助的管理学者存在隔阂，于是，他们求助于所谓的管理大师——管理巫医。巫医利用执行官的急切心理，抛出快速解决方案作为诱饵。这样，在对管理学研究的幻想破灭之后，执行官还得应对狡诈的巫医。

当然，一个有趣的问题是，为什么执行官这么容易上巫医的当？这可能与执行官的高度焦虑有关。还有其他原因吗？为什么那么多人迷信时兴的管理技巧？为什么一向精明的执行官这么迫切地咨询巫医？那些"灵丹妙药"，例如一分钟管理、目标管理、六西格玛、商业流程再造、全面质量管理以及标杆分析，曾经（目前也是）对他们很有吸引力，丰富了他们的工具库，让他们看起来很渊博。巫医用看似简单的方式解决极其复杂的问题。不幸的是，尽管巫医信誓旦旦地承诺帮助执行官摆脱困境，但是实际情况却大相径庭。这些伟大的商业解决方案，大多都不能达到他们承诺的效果。最终，执行官大跌眼镜，就像童话故事里指出"皇帝什么也没穿"的小孩一样。但是，在他们发现皇帝没穿衣服之前，他们要做出很多决策，这些决策能够影响数千人的生活。

作为一个管理学教授，我非常熟悉那些关在象牙塔内的管理学夫子，也非常熟悉那些"蛇油销售员"——那些兜售假冒伪劣产品的所谓管理大师。我一直在问自己，为了让管理学者的工作更加切中肯綮，更加有助于解决问题，我们应该做些什么？难道就只能保持这种互不相干的状态吗？有没有什么办法，让管理学研究更贴近管理实践？还是改变无望吗？我必须承认，我也不清楚自己是否是批判现状的合适人选。毕竟，人们会认为我自己不就是所谓的管理大师之一吗？

我来自一个十分务实的企业主家庭，追求相干性也一直是家人对我的期望。当我在研究中把玩各种理论概念时，一些家人经常问我，我的这些理论概念将怎样改善他们的经营状况。为了赢得他们的持续关注，我不得不想出可被接受的答案。我之所以关注相干性，这是其中一个解释（或者理由）。我一直希望自己能够向执行官提供明智的建议。

我个人对相干性的追求并非总是一帆风顺。我最初研究的是经济学，接触的是经济人假设——把人当作"经济动物"来看待，认为人的一切行为都是为了最大限度地满足自己的私利、追求快乐、回避痛苦——后来，我开始寻找一种更贴近实际的方式，以便真正理解人的行为。因为对经济人假设心存不满，所以我开始研究管理学和组织行为学。然而，管理学和组织行为学对人性的看法仍然过于简单。传统的组织行为学研究更关注结构和体制，而不是人。我再次失望了，于是决定进入精神分析、精神病学和心理治疗领域。在我看来，成为一名专业助人工作者——这个名字就说明了一切——很有吸引力，是个不错的选择，因为我可以更好地理解人的行为。我很快发现，走这条路也很难逃避实务问题，而且这条路是理论结合实践的极好途径。我直接面对过很多严肃的人生问题，对人忪有了不少了解。

远非所见

回头看来，我发现同时在管理学和心理治疗两个领域工作是个很大的优势，对两者的熟悉让我得以在两者之间架起某种桥梁，我不仅洞悉了更多传统的组织管理问题，而且学会了怎样从不同的角度来分析这些问题。这是全面了解人类复杂性的极好方式，它给我提供了一种三维视角考察人性。

从心理治疗、精神病学和精神分析领域，我了解到问题往往远非表面所见的那样。通常，问题的真正症结是看不见的。通过向来访者学习，我得以关注意识之外的行为。我了解到，许多看似理性的行为实际上非常不理性。我学会了用临床导向解决问题，即用第三只耳朵倾听，这种临床导向是另外一种工具，让我理解原本无法理解的行为。我认识到，如果不考虑组织成员内心世界固有的怪癖和非理性活动，一个组织是无法成功运作的。临床背景有助于我仔细观察 600 磅重的大猩猩 ① 发狂的样子——组织管理问题背后隐藏的深层次的心理冲突。临床背景还让我有机会洞察人性的弱点。最为重要的是，临床背景还教会我质疑备受推崇

① *The 600-pound gorilla*，赖特·坎贝尔（R.Wright Campbell）的一本小说。——译者注

的理性。正如人类学家阿什利·蒙塔古（Ashley Montagu）曾经说过的那样："人类是唯一能够在理性的名义下做出非理性行为的生物。"

在追求相干性的过程中，我认识到潜意识动力（unconscious dynamics）对组织生活有着显著的影响，我希望帮助组织领导人（及其追随者）认识并考虑那些动力。我也希望管理实践者看穿蛇油销售员的虚假承诺，不要被他们海妖般的叫卖声蛊惑。我数年来所写的书中，很多都意在宣扬这一观点。

我的另外一个目的——涉及我对管理学的贡献——就是对我的同仁，即管理学教授中间倡导少一些夫子般的行为，多研究一些困扰执行官的实际问题。在管理实践者面前，他们当中有许多人只能说些不痛不痒的话。当我发现这一点时，我很不安。我觉得这很尴尬，因为管理实践者应该是他们笼络的对象。但是，从我的亲身经验来看，处理现实世界中的实际问题是锻炼思考能力的绝佳方式。这一方式能让我们全面认识组织里的生活是什么样的。走出象牙塔、倾听执行官的想法，是走近商业世界的良好开端。

在所任教的商学院里，我的目标就是在象牙塔和街头大众之间建起一座桥梁，将学术的严谨带入管理实务。不管教什么，我都尝试帮助现实世界中的执行官解决困扰他们的实际问题。我之所以这样做，是因为我希望能够帮助解决问题。而且正如我前面建议过的那样，我指的并不只是显而易见的表面问题，我希望与我共事的人不仅探索问题的外在表象，而且探索问题的内在本质。而且据我所知，很多管理学夫子也愿这样做，只要他们能够突破自我设限。说到底，我们所有人都希望能为他人创造价值。

我在欧洲工商管理学院全球领导力中心做主任，因此有了一个很好的平台，能够帮助执行官解决最迫切、最实际的问题。领导力中心有一群训练有素的教练，在他们的支持下，领导力培训成了我们学院大多数项目的必要组成部分。每年有数以千计的执行官参加各种各样的领导力培训。教练和执行官之间的互动学习是个富有成效的过程。我们不断收到正面反馈，因此明白：给执行官机会，让他们讨论真正困扰他们的问题，是非常有用的方式。这种观点碰撞，和熟练掌握金融知识、营销知识、技术管理知识或其他商业知识一样，非常有助于他们处理棘手的组织管理问题。这种观点碰撞不仅让参与培训的执行官获益匪浅，而且还对管理学者有传染效应（contagious effect），让管理学者越来越清楚自己需要研究什么问题。

又一只 600 磅重的大猩猩

用更务实的眼光看待组织问题是一回事，但是，正如我们都知道的那样，生活并不局限于组织。在做心理分析师、心理治疗师、领导力教练时，我经常接触到在我做管理学教授时绝对接触不到的信息。许多执行官不仅跟我谈论典型的组织管理问题，而且讨论更为一般的存在问题（existential problem/issue）。而且——我在做领导力教练时也了解到——后者也许更让他们操心。执行官向我解释他们为什么要做所做的事情，和我谈论他们的恐惧、失望、欲望、对金钱的关注、对幸福的追求，甚至对死亡的恐惧。

通常，他们问我能否帮助他们解答存在的问题。尽管这些问题看似和管理领域毫不相干——这样说，容易让人指责我"不过是又一个管理学夫子"——但它们确实是执行官现实生活的很大一部分。这些问题经久不衰、重复出现，因此值得深入探讨。它们绝不是象牙塔话题。

当人们带着这些问题来找我时，我面临的真正挑战是助其自助。很多情况下，人们向我寻求建议，是因为他们不喜欢自己已经想出来的答案。我尝试着向他们指出——不一定都管用——他们所需要的答案就藏在他们的内心，他们只需静下来倾听内心的声音。但是，正如我们大多数人要费一番苦功才能发现的那样，倾听内心深处的声音并不是自然而然就能做到的。只有停下脚步思考一下到底是怎么回事，我们才有可能改变方向、改变路线。这意味着，我们要问自己一些艰难的问题，我们为什么要跑？我们要跑向哪里？最为重要的是，什么让我们跑在了第一？我们也许会发现——如果我们有勇气踏上这条人迹罕至的路——答案相当令人沮丧，尤其当对沮丧的恐惧也许是我们跑在了第一的主要原因时。驻足思考我们到底是谁，是需要勇气的。

我向来访的执行官指出：有时，如果我们希望事情有所好转，我们必须亲力亲为。我们不能把别人当作拐杖。但是，这一建议并非总是受到欢迎。如果可以选择，相当多的来访者宁愿保持某种依赖状态。他们需要明白一点，尽管每个人的未来取决于许多因素，但主要由我们自己决定，是我们自己造就自己的未来。他们需要接受一点——他们要为自己所生活的世界负责。他们需要拥有自己的生活。没有什么灵丹妙药能够提供解决方案。

我面临的另外一个挑战是让执行官意识到，权力和职位并非生活的全部，金钱也不是。我怎么才能让他们发现，如何度过自己的生命比如何花钱更重要？他们需要认识到，地位不过是镜中花，财富不过是水中月，声望不过是火中冰，只有品性是持久的。我尝试向他们指出，物质财富并非生命中最重要的东西，真正重要的是有意义的关系（meaningful relationship）、有所作为（making a difference）、创造意义（creating meaning）。生命最好这样度过：做些有意义的事，让我们流芳百世。他们要给别人树立什么样的榜样？圣雄甘地曾经说过："我的生命是我的留言。"从这个意义上讲，人的一生就像照镜子，镜子外面看到的应该和镜子里面看到的相映照，内心世界也应该和外在现实相和谐。

执行官的内心世界

除了在欧洲工商管理学院全球领导力中心做主任外，我个人还加入了两个研讨会，分别是"领导力的挑战"以及"变革咨询与培训"。我以前带过的一个博士生曾经把这些研讨会描述成"同一性实验室"（identity laboratories）。这些研讨会的性质更多的是促使个人转变，很多人在参加研讨会期间或之后，会做出很多重大的人生决定。在这些研讨会中，我帮助参与者理清他们在自我探索（self exploration）过程中遇到的各种困扰。

尽管追求光明是绝对真理，但是自我探索之路并非总是那样平坦，途中会遇到各种障碍。通常，当执行官不愿面对现实时——人们并非总是喜欢自己所看到的——会使用各种防卫策略

（defensive maneuvers），我得采取措施解除其防卫。心理学家卡尔·荣格非常熟悉这种防卫心理的影响力。在其自传《回忆、梦与反省》一书中，荣格写道："每当触及最深层的体验、最核心的人格时，大多数人会被吓倒，很多人会逃开……任何情况下，大多数人都不会探索自己的内心、解剖自己的灵魂，有可能被揭开的心理现实（psychic reality）是他们无法面对的。"但是我很顽强，不会轻易放弃，不会向各种突然出现的防卫反应妥协。引用剧作家亨利克·易卜生的一句话，就是"欺骗自己是没有用的"。

当我们一起进行自我探索时，我试着让执行官明白，发现之旅不在于看到新的风景，而在于拥有新的视角。他们不仅需要有勇气开启这段旅程，而且需要把自己当作探索的工具。他们必须敏感于自己所生活的人际场（bipersonal field），也就是说，他们需要留意他人影响自己的方式。我跟他们解释，未来并不是在某个地方等着他们。未来需要我们自己去创造，用我们的想象力、用我们的行动。我们每个人都有独特的才华，我们有权利去发现自己独特的闪光点。这是一次探险。

说到生命的挑战——我们每个人都会在人生旅途中遇到挑战——可以看看画家保罗·高更的一生，很有意思。他的一生有过多次转变。他人生的早期在探险中度过（期间在秘鲁呆了4年），之后过起了舒适的中产阶级生活：在证券公司谋得职位，和一个丹麦女人结婚，生了5个孩子。这期间，高更发现自己有绘画天分，但基本上只在业余时间画画。然而，对物质财富和商业世界的幻想破灭之后，他开始寻找一个比其祖国——法国更为质朴的社会。于是，他离开了妻子儿女，到了塔希提岛，在那里开始了自己的第二段人生，成了一个画家。

高更最初在塔希提岛过得很开心，但是在 1897 年，他染上了梅毒，而且因为女儿的离世变得极度抑郁，一度想要自杀。他困惑于存在的意义，晚年思考着人的境况（human condition），这一主题体现在他的著名油画作品《我们从哪里来？我们是谁？我们往哪里去？》里。高更把这幅画当作自己的遗言，他想总结自己的感受和哲学看法，并且思考接下来会怎样。他写道："我绝不可能拿出比它更好的作品了，连跟它差不多的作品也不能。"油画中描绘了各种各样的人物，都是塔希提岛人，沿着宽阔的画面排开，每个人都在从事不同的活动，每种活动都很有代表性，象征着针对人的境况的提问。

高更唤醒了生命之旅。他不是仅仅停留在提问阶段，而是真正地活出了自己的人生。当我作为老师、顾问、治疗师或者领导力教练倾听执行官的诉说时，我发现人们往往用事与愿违的方式度过自己的一生。为了更加幸福，他们想拥有更多的东西或者更多的金钱，而实际上他们并不需要那么多的东西和金钱。尽管我知道旅程有个目的地是件好事，但重要的是记住"旅程就是全部，目的地什么都不是"。正如我们多数人发现的那样，一个目标的实现意味着另外一个目标的开始。重要的是过好每一天，生命的目的是现在怎么生活，而不是计划以后怎么生活，我们需要珍惜现在、活在当下。

这让我想起一个禅理故事，说的是一个人碰到一只老虎，他撒腿就跑，被老虎一直追到悬崖边，无奈之下，他抓住一根野藤攀缘而下悬在空中。老虎在他头顶嗅着，他想顺着野藤下至崖底，这时却发现崖底来了另外一只老虎，正等着吃他。偏在此时，两只老鼠，一黑一白，开始啃起维系他一线生机的野藤。绝望之中，他从眼角瞥见身旁有颗鲜美欲滴的草莓，于是他一手抓着野藤，一手去摘草莓，欣喜地送进口中。草莓好甜啊！

门徒马太（Matthew）告诉我们："不要为明天忧虑，因为明天自有明天的忧虑。一天的难处一天当就够了。"生命只存在于现在，过去的已经过去，未来的还未来到，如果我们把握不了现在，我们就把握不了生命，我们要活在当下。每天只过每天的日子，这样度过生命所有的日子。生命不是赛跑，而是旅程，要品味途中的每一步。我们不能回到过去重新开始，但是任何一天，我们都可以有一个新的开始，奔向新的终点。我们每天开启和关闭的大门决定我们将过什么样的生活。引用作家乔治·奥威尔的一句话："眼皮底下的事是最难看到的。"天堂还是地狱，并不取决于我们去往哪个方向，而是取决于我们到达时变成了哪种人。

走存在之路：路线图

在这本书中，我想写些有别于我以往在许多有关组织和领导力的书中所写的东西。因为我一直秉持这样的观念——做什么事都要有的放矢，所以在这本书中，我会越过困扰执行官的乏味的管理问题，而是关注存在话题，关注执行官把我当作心理医生时所提出的问题。尽管我所遇到的人往往对心理医生存有戒心，但是，因为我用执行官的语言说话——而且非常理解困扰他们的组织管理问题——所以他们比较容易对我敞开心扉，告诉我困扰他们的其他问题。

我确实认识到，给组织管理问题提建议是一回事，给"生活"问题提建议完全是另外一回事，有些人甚至认为我这样做太冒失了。真的可能在这类问题上给出建议吗？还是我们只能在实践中学习？怎样应对生命中的重大挑战是否纯粹属于个人经验？当然，走这条路，你需要自己去生活，需要自己去体验，需要从自己的体验中学习。

但是，我觉得是时候讨论这些问题了，因为我已经不再年轻，不可能有时间去知道一切。在我这个年龄，我已经意识到，唯一的真正智慧就是明白自己所知道的是非常有限的。尽管随着年龄的增长，人不一定变得更加睿智，但是我希望自己能够有幸在成长过程中积累一些心得。写这本书，是更好地理解我是多么的无知的一种绝佳方式。理解让自己产生共鸣的问题，是一个真正的挑战。

有人说，从失败中学到的东西比从成功中学到的东西多得多，这是真理。人们经常说，智慧是无法传授的。我从苦难学校中学习到，失败比成功更能塑造人的性格，逆境更具启迪作用；而在顺境之下，人更可能产生惰性。从这个意义上说，人生就是不断接受教训的过程，你必须经历过才能有所感悟。对我而言，唯一比犯错更糟的事情，就是犯错之后不会从中学习。如果我们仔细观察一下，就会发现智慧不过是已愈的伤口。

我知道，正视自己的弱点则需要勇气，而改正自己的弱点则需要智慧。西班牙有句彦语告诉我们："谈论公牛和身处斗牛场并不是一回事。"从某种意义上说，生命就像一颗洋葱头，当我们一层一层剥开它的时候，我们可能会时不时地流泪。我们似乎都在寻找生命的意义，不管对我们每个人而言，生命的意义到底是什么。但是，也许更为实际的是，让我们的外在体验和内在现实相协调。我们每个人面临的任务就是活出自己的人生。

本书讲述的故事取材于执行官的倾诉，这些故事拨动了我的心弦。我指的不是有关管理问题的故事，管理问题是可以解决的，用这样或那样的方法。我指的是故事背后的故事——故事体现的主题。我想探讨一些困扰许多执行官——许多人，不局限于执行官——的元问题（metaissues）。而且，可以想见的是，故事背后的故事是有关人的境况的问题。本书的各章基于执行官希望得到答案的几个问题，是我对这些问题的深入思考。

本书第1篇，讨论性欲，篇幅最长。性欲是个复杂的话题，讨论起来甚至需要涉及进化心理学。我一直对这个话题很感兴趣，因为我自己也受到生理需要和社会需要的困扰。经过这么多年之后，我认识到没有什么安全网可以阻挡诱惑，喜欢也好，不喜欢也罢，性欲总会伴随着我们。听执行官给我讲故事，我认识到管理欲望是多么的难。欲望往往是一种催化剂，让我们做出许多在其他情况下我们绝对不会做的事情。

第2篇有关金钱。我在做管理学教授、顾问、精神分析师、心理治疗师和领导力教练的过程中，一直会碰到金钱问题。见过那么多超级富有的人，我一直很好奇：金钱对他们来说到底意味着什么？金钱在多大程度上影响了他们的生活？我的一个学生是投资银行家，与他的一次会面给了我灵感，让我写下这一篇。他跟着我穿过走廊，问我："多少钱才算够呢？"他的问题很有讽刺性，我很惊讶，因为我知道他是他所在的组织中迄今为止薪水最高的人。显然，对他而言，再多的钱也不会嫌多。有些人混淆了自我价值（self-worth）和资本净值。

第3篇有关幸福。这是本书最老的话题，基于我几年前写的《幸福等式》（*The Happiness Equation*）一书。一次，在一个领导力研讨会结束之际，我问了 CEO 们一个问题，《幸福等式》就来自他们的答案。我当时问道："想象你被要求在毕业典礼上发表演讲，你会跟学生们说些什么？你会触及哪些主题？过去的生命中，你一直最关注什么？"

"怎样才能幸福"是人们一直都在讨论的主题。通过思考 CEO 们是怎样看待幸福的，我得以写出一篇文章，而且最后把这篇文章变成了一本书。那时，我处在一种相当沮丧的状态，但是，写作有关幸福的书也许就是需要这种状态。我并不是唯一这样的人。哲学家伯特兰·罗素在写有关幸福的文章时，状态也很差。实际上，他最好的作品大多是在他想逃离周围的世界时写出的。

最后一篇有关死亡。在我当初开始写作本篇时，我预期了家母的死亡。我这样预期时，只是觉得死亡是人生必经的过程，但是，后来母亲真的去世了。尽管多年以来，我已经对母亲的去世做好了准备，但是当事情真的发生时，我所受的打击还是超过了预期。她的死让我重写了这部分。我意识到一个绝对事实：你只有一个母亲。正因为如此，所以母子之间的关系才如此强大、如此深厚。现在本篇已经完成了，我意识到写作本篇是帮助自己走出悲伤的一种方式。

尽管死亡就是终点，用死亡结束本书是符合逻辑的，但是我觉得，就这样结束本书太过凄凉。后记部分有关真诚（authenticity）、利他主义（altruism）、智慧（wisdom）以及人类对意义的追求，而且会提及威廉·莎士比亚的箴言"最要紧的是——对自己要真诚"。如果人们不能活出真实的自己，那么不论做什么，都会觉得没有意义，只会觉得焦虑、烦躁和绝望。

俄国小说家费奥多·陀思妥耶夫斯基曾经写过一本小说，对人类意识最深层、最黑暗的一面进行了心理剖析。小说中，一个无名的叙事者用暴躁的声音喊出"我是坏人……我是恶毒的人，我是最恶心的人"。《地下室手记》是忍受痛苦的人的诚挚忏悔，是遭受折磨的灵魂的残酷反省。费奥多·陀思妥耶夫斯基对意识的探索让哲学家弗里德里希·尼采感触颇深，尼采说："陀思妥耶夫斯基是少数几个让我受教的哲学家之一。"另外一位哲学家，让保罗·萨特认为，陀思妥耶夫斯基的"地下室人"是存在主义的先驱和发言人。萨特认为，该书的特色（即重要性）就在于清楚地意识到人类固有的非理性特点。《地下室手记》突出体现了陀思妥耶夫斯基的心理学技巧，刻画出一个受到许多相互矛盾的冲动激发的人物。最为重要的是，陀思妥耶夫斯基认为人的行为是难以计算的。人类有着各种复杂的非理性的情绪，行为和选择都基于这些情绪，同一个人可以做出最高尚的事情，也能做出最下贱的事情。

和陀思妥耶夫斯基一样，我想呈现人的本来面目，呈现人的所有弱点和愚蠢念头。我想讨论现实的人，思考现实的问题。我不想表现得像个夫子，尽管讨论到某些话题时我需要引用一些深奥的研究。在这些章节里，我想向人们指出，他们并不是唯一困惑的人，许多人有着同样的问题。更确切地说，我希望能为前来咨询的执行官提供更多的帮助。

我认识到，作为老师我也有局限。中国有句古话："师父领进门，修行靠个人。"学习可能很难。我能给执行官指路——正如我前面说过的那样——但路还是要他们自己走。我们都能帮助自己，关键是去发现怎么做。苏斯博士（Dr.Seuss）说过："你的脑壳里有大脑，鞋子里有脚，你可以选择自己的方向，并沿着这个方向前进。"我们需要亲力亲为。

每一次有意识的学习过程都可能伤害自尊，这意味着我们要清楚自己的防卫反应。事情往往不是我们所想的样子。这也是为什么不把自己当回事的小孩学习起来比较容易，作为成人，我们的学习要难得多。诗人塞缪尔·泰勒曾经说过："忠告如雪，下得越静越长留心日，也越深入心田。"希望我的言辞如飘雪般柔和。

我通常会在比较正式的书中附上参考文献，但是这本书中我没有列参考文献，这一做法可能会让我的学术界同仁觉得不可思议。我担心，如果我用传统的学术方式讨论这些话题，可能就无法以我想要的方式打动读者，无助于他们理解这些重要的话题。于是我故意采取了一种比较不正式的方式。我希望读者原谅我把惯有的严谨放到一边。

本书是我个人对生命与死亡的思索，但是，这些思索也是基于执行官所讲述的非常生动的个人故事。解读这些故事让我深受影响，而且，多年来在心理分析、社会心理学、发展心理学、家庭系统理论、认知理论、神经精神医学、进化心理学、心理治疗等领域的涉猎，也对我产生了无形的影响。然而，正如我说过的那样，我的思考并不是凭空出现的，如果其中有任何不当之处，那全是我的责任。写这本书的过程中，我认识到其中的一个不当之处就是带有西方偏见。毕竟，我是"发达"世界的产物，我的世界观深受西方哲学的影响。因此，我的某些思考也许并不符合另外一种文化背景。

浏览这些章节时，我问过自己：为什么我要在生命的此刻写下这些？也许是因为我到了对世事变化无常这一可悲现实认识得更清楚的年龄了。你不能选择自己的出生，也不能选择自己的死亡，但是如何度过两者之间的时光完全由你自己决定。一生之中，有时我们要顺其自然，有时我们要采取主动。我相信，专注于梦想而非遗憾能让自己保持年轻。这些章节是我展望未来、把握梦想所做的个人努力。

SEX，MONEY，
HAPPINESS，AND DEATH

第 1 篇
性欲之我思

第 1 章　在弥天之罪的阴影下

渴望远胜过拥有。渴望的时刻是最奇妙的时刻。渴望的时刻——当你知道某事将要发生——是最振奋人心的时刻。

阿努克·艾梅，法国女演员

性绝不仅仅是性。

雪莉·麦克雷恩，好莱坞影星

我对性一无所知，因为我以前一直是已婚人士。

莎莎·嘉宝，匈牙利裔美国演员

浮名浮利，一切虚空！我们这些人里面谁是真正快活的？谁是称心如意的？就算当时遂了心愿，过后还不是照样不满意？

威廉·梅克皮斯·萨克雷，英国现实主义小说家

这里我先讲一个有名的禅理故事。大小俩和尚出门云游，途

中遇到一条河。于是他们趟水过河，快要到达对岸时，刚刚离开的岸那头来了一位年轻的女子朝他们大喊。女子说，水流湍急，她不敢下河。"哪位师父愿意背我过河？"她问。小和尚犹豫着，大和尚则回到岸那头，迅速将女子扛到肩上，背着她过河，到达对岸后将她放下。女子向他道谢，随后转身离开。

俩和尚继续赶路。小和尚困惑不已，终于忍不住问道："师兄，师父教导我们，不要碰女人，但是你把那个女人扛在了肩上，还背了她！"

"师弟，"大和尚回答道，"我到岸时就将她放下了，而你到现在还背着她。"

故事的深意就是关于欲望。什么是欲望？我们为什么有欲望？为什么我们渴望所渴望的东西？欲望会造成什么后果？我们怎么处理欲望？这些问题问起来容易，但回答起来相当难。欲望就像流沙，无处不在却又难以把握。

在《美国传统词典》（American Heritage Dictionary）里查找欲望的定义，我们会发现，欲望是指要求、向往或向往的对象、性欲或者激情。词典还会告诉我们，欲望是指追求能带来满足和快乐的事物，是指强烈渴望此刻得不到，但是也许将来某天可以得到的事物，这种渴望通常重复出现、长年不竭。因此，欲望也有幻想的成分。我们想象自己拥有了某样东西，有时想象如此离谱，以至取代了现实。

当我们说到欲望时，我们真的了解其含义吗？要想知道答案，我们可以做个小测验。你自己的欲望（比如性欲）是怎么样的？如果让你描述你最狂野的性欲，那会是什么样子呢？你能清晰地描述吗，还是发觉很难说清楚？想到要描述自己的欲望，你是否觉得不舒服？你是否觉得欲望本身难以捉摸？你会渴望你无法想象的事物吗？

这个小测验让我们意识到，用言语表达欲望，即使不觉得难堪，也会觉得困难。这个测验也揭示出另外一个悖论：一旦我们得到想要的东西，我们就不再渴望它，它就变得不再那么有吸引力。想象之物之所以比现实之物强大，是因为没有什么现实的事物能像想象之中那样完美。只有无形的思想、观念、信念和幻想，才会萦绕在脑中挥之不去。而且随着年龄的增长，人们越来越认为渴望胜于拥有。即将实现愿望的那一瞬间真的是最"振奋人心"的时刻吗，就像本章开头阿努克·艾梅所说的那样？或者这就像诗人詹姆斯·罗素在诗中写道的那样："我们向往，我们向往超然的一刻。"

对于欲望最大的讽刺之一就是，当我们得到我们想要的东西时，我们的满足感是短暂的。似乎，幻想——未实现的想法——比现实更有吸引力。也许，停留在幻想层面是更好的选择，因为至少在幻想中我们能够或多或少地控制事物的发展。也许，得不到的永远是最好的。相比之下，现实可能有些不尽如人意，并非完全符合我们的期望。也许，认识到可能会失望，我们就会沉迷于幻想。

尽管处理欲望的过程中会遭遇各种挫折，但欲望始终是维持我们生命活力的力量。欲望就像氧气——我们并非总能意识到它的存在，我们会对它习以为常，但它始终在那里。然而，我们能够体验欲望，其中的快感似乎在于渴望本身，在于追求的过程。

正如罗伯特·路易斯·史蒂文森①观察到的那样："满怀希望的旅途要比到达目的地更快乐。"剧作家乔治·萧伯纳也有类似的看法，他写道："人生有两种悲剧，一种是未能得到心之所爱，另一种是得到了。"

欲望是人类的本质。活着就意味着有欲望。欲望是一种感性的而非理性的力量，难以控制——欲望有自己的生命。我们不能决定欲望什么时候出现，不能决定对什么存有欲望；欲望决定我们。著名的"性斗士"卡萨诺瓦②曾经这样解释他为什么喜欢猎艳："哎呀，爱不需要理由，不爱更不需要理由。"

令人惊讶的是，直到最近几十年，我们才对欲望有了比较全面的了解。神经学家、发展心理学家、认知心理学家、精神分析心理学家和进化心理学家的研究成果，部分揭示了欲望背后的生理机制以及发展机制。

但是，在此我要警告一下，欲望可以从不同角度加以探讨。在本章中，我将集中关注人类最重要的欲望：性欲——性行为的根本动力。我认为人类所有的活动——包括许多管理决策——都由性欲驱动。在这个变化无常的世界中，只有一样永恒的东西，那就是性欲。正是性动机需求系统（motivational need system）将非存在和存在联系起来。正是性欲让世界运转。此外，尽管现在有很多探讨同性恋的文献，但是在本章中，我主要讨论异性恋。同性恋值得深入探讨，但是因为文章篇幅有限，所以我只能粗略地提及一下。

① Robert Louis Stephenson，苏格兰小说家，代表作为《金银岛》。——编者注
② Casanova，极富传奇色彩的意大利冒险家、作家，追寻女色的风流才子，18世纪享誉欧洲的大情圣。——编者注

亚当与夏娃的传说

　　为了理解人们对性欲的态度，我们需要看看人们对其起源的解释。我们可以从《旧约圣经》第一卷《创世纪》中亚当与夏娃的故事说开去。这个故事认为，如果你用男人的肋骨做了一个女人，那么你注定会惹来大堆麻烦。这是性别歧视主义的原型吗？为什么亚当与夏娃被赶出了伊甸园？他们做了什么越轨的事？他们之所以被驱逐，是因为蛇诱惑他们偷吃了禁果吗？真的只是因为一个苹果？

　　追究这个著名故事的真实性是没有意义的，弄清故事的寓意更为重要。苹果到底代表什么？这并不是什么高深的问题。考虑到禁果的本质是惩罚，所以禁果应该象征着一种关键的人类活动。对这个故事的一个合理解释是，故事从头至尾都与性欲有关。亚当与夏娃被逐出天堂的故事，可以简单地解释为一对彼此渴望的男女被禁止释放激情的故事。难怪他们会越轨。但是故事又不局限于此，它还与警戒有关，它警告人们——所有的性欲都要付出代价。丧失童贞——发生过性行为——就会被赶出伊甸园。

　　讽刺的是，与《创世纪》中苛刻的道德观不同，古希腊人和古罗马人非常崇尚肉体的快乐。他们认为身体不过是追求并沉迷于性快感的工具，而《创世纪》中的道德观是对人性的压抑。犹太教与基督教共有的传统观念认为，性是一种罪恶，性想法和性行为会受到良心的折磨。古希腊人和古罗马人就没有这种性罪感，情色主题在那个时期的文艺作品中随处可见。历史上的那个时期，西方社会没有什么性禁忌。并非只有西方文化对性持开放态度，其他文化也是如此，这在印度的克久拉霍寺庙的情色雕塑品、中国和日本的情色文艺作品中，均有所体现。

但是，在西方社会中，这个性自由时期并没有持续多长时间。在相对自由、安逸的古典古代（classical antiquity）之后，欧洲进入黑暗的中世纪，基督教成了主流宗教及社会发展的主要动力。基督教反对享乐主义，把性欲等同于罪恶。数世纪以来，时代主流思潮都认为性欲是人们堕入地狱的原因。从《路迦福音》里可以看出，教父宣扬的就是"我们都是活在忏悔中的罪人"。人类对肉体快乐的关注，被对来世的关注取代。正如我们后来看到的那样，直到 19 世纪末，性才成为一道亮丽的社会风景，不再那么遮遮掩掩，不再那么遭受良心的折磨。

中世纪时期，性欲被看作罪恶的证据。肉体的诱惑是要回避的。受到亚当与夏娃堕落的故事的引导，早期的教父认为人类很脆弱，经受不了性诱惑。而且，他们认为所有的罪恶都让人沉迷，沉迷的最终结果就是受到永恒的诅咒。特别是女人，她们是终极诱惑的象征。教父认为，如果让女人选择痛苦还是快乐的话，她们会选择享乐之路，步入地狱。毕竟，根据他们的推理，是夏娃诱惑了亚当，她的魅力让他无法进行理性思考，最后酿成灾难性后果。

从临床的角度来看，教父对女人性吸引力的强调，象征着远古时期男人对女人的敬畏，特别是对女性性器官的敬畏。在根本上，阴道成了男人对既温柔又强悍的神话母亲（mother of mythology）的矛盾心态的符号表征——神话母亲既能提供庇护又具有破坏性，比如美杜莎[1]这样的女人。

　　男人不仅认为女人是危险的生物，而且对阴道也有许多令人费解的联想。区分男人和女人的主要器官——阴道，是许多男性幻想（masculine fantasy）的焦点（小孩玩比较男女不同之处的游戏时，就开始了男性幻想）。这可以解释为什么在神话传说中，女性割礼的故事随处可见。回想一下这些故事的内容，你会发现——至少男人是这样的——人们观看阴道、抚摸阴道、插入阴道时，心里似乎充满神秘的恐惧感。在男人的潜意识里，性可以等同于死亡，每次性交都会耗费"元气"。因此，在男人的想象之中，神秘的子宫不仅是生育的象征，也是鲜血和危险的象征。阴道成了既神秘又吓人的器官，让人又爱又怕，许多原始部落要对女性行割礼，就说明了这一点。难怪对禁欲的基督徒来说，地狱入口和阴道能敷起类似的联想。性能引起人们极大的焦虑，让人充满恐惧感。

　　控制性欲表达的一种显而易见的策略，就是诋毁性的本质。性是黑暗的、危险的、肮脏的。女人的生殖器不仅是性快感的通路，也可能是男人的刽子手。进入阴道意味着进入一个飘飘欲仙又恐怖无比的世界。它解释了一个永恒的神话——阴道长牙[2]。这一神话在许多文化里都有体现，体现了男性原始的阉割焦虑（castration anxiety），反映了男性在性交时不仅担心阴茎软弱无力，还担心失去阴茎。男人不仅有阉割焦虑，而且潜意识里还担心"回到子宫"。男人经常担心对女人产生依赖，似乎温柔与亲近

---

① Medusa，古希腊神话中三位蛇发女怪之一。——译者注
② vagina dentata，男人在潜意识中惧怕女性身体的神秘力量，因此幻想女性的阴道长有牙齿，随时可能咬断阴茎。——编者注

会再次让他们回到无助的婴儿时期，那个完全受母亲支配的时期。这种共生焦虑（symbiosis anxiety）使得一些男人将爱与性割裂开来，并且认为亲密（intimacy）是个陷阱。

　　显然，早期的教父既不是精神分析师，也不是精神病医师。深度解析——理解象征语言——并不是他们的强项。然而，他们足够聪明，应该能够凭直觉看出长期存在于男性身上的阴道长牙恐惧。指出夏娃是罪魁祸首的同时，他们认为让性冲动逃脱意志力的控制是男人的巨大错误。在他们看来，亚当与夏娃的传说解释了生殖器屈服于肉体欲望，而不受理智控制的灾难性后果。这一警世传说——他们十分当真——劝诫他们要极其谨慎地对待性欲。考虑到肉体的脆弱性——身体通常被看作思想和灵魂的监狱——把注意力从感官享受上转移开来需要超人的努力。教父的责任就是提醒大众：要到来世寻找更好的生活，而不是现在。天堂是不错的选择。人类的享乐倾向是不可接受的。教父的责任就是让信徒明白，性欲只能带来痛苦，就像让亚当与夏娃从天堂掉下来一样。

　　当然，我们也许会疑惑，教父是否想过，一个绝对没有他们所说的罪恶的世界，会是什么样子。会是一个可怕的虚无世界吗？他们又有什么可说的？如果人人都过着圣洁的生活，教父不就无事可做了吗？当然，那样他们就不能扮演预言家卡珊德拉①的角色了。没有罪恶，教堂就没有多少工作可做了。

―――――――――――――

① Cassandra，希腊神话中的女预言家，特洛伊国王普里阿摩斯的女儿。——编者注

没有乐趣的性

希坡（Hippo）的圣奥古斯丁（St.Augustine）——公元 4 世纪北非的主教和学者，更像一位理性主义者，他认为性欲也许是可以接受的，但是必须受到严格的限制。他得出这一结论并不容易，因为他自己就在对情妇的渴望和对上帝的忠诚之间挣扎。在基督教神学的经典著作《忏悔录》中，他描述了自己与基督教之间的对话，他写道自己每天向上帝祷告："请赐予我贞节与自制，但不是现在。"然而，他最终豁然开朗，宣称邪恶的性活动的唯一目的就是繁殖。圣奥古斯丁建议，如果一个男人和一个女人准备生孩子，那么他们可以发生性关系，男人可以运用意志力，让自己的阴茎为了传宗接代而非享乐勃起。但是，圣奥古斯丁还是对为了繁殖而不得不发生性关系心存遗憾，于是明确补充道：在以生殖为目的的性交活动中，性交者不得享乐其中，已婚的夫妇在性交时应该表现出"正在承受某种痛苦"的样子。圣奥古斯丁认为生殖之外的任何性活动都是违背自然的，他把追求快乐的性活动描述成天生的罪行。当然，人类最好保持贞洁状态。

圣奥古斯丁是个十足的现实主义者（他自己有个孩子），知道男人的身体会用自发勃起、梦遗、阳痿、早泄或高潮期间其他形式的失控来嘲弄意志力。不幸的是，他又不是彻底的现实主义者，不知道在所有性出轨中，贞洁可能是最诡异的。

放在今天，圣奥古斯丁的劝诫会遭人耻笑，但是，研究性要联系它所处的社会背景。人们不但要与教父的劝诫作斗争，还有其他几个因素让人们远离性。第一，对很多人而言（放荡不羁的贵族和以卡萨诺瓦为代表的活跃在地下情色世界的人士除外），家庭生活没有什么隐私。全家人共用一个房间，甚至共睡一张床，性交时也许会被别人看到，这让人不敢追求性满足。另外，影响人们性行为数世纪（和古希腊、古罗马时期的社会习俗相比）的一个因素是人们没有洗澡的习惯。人们普遍认为，接触水是危险的，会感冒或者打开气门，让他们更易受病菌感染。那时候，大多数人都臭气熏天。疥癣虫、虱子、苍蝇泛滥成灾，人们身上经常犯痒，性欲严重降低。如果那些原因还不足以打消性欲的话，那么怀孕的高死亡率就是让人们对性望而却步的真正原因了。我得提醒一下，在那个时期，有 10%~15% 的妇女死于难产。当初的人们害怕怀孕就像今天人们害怕得艾滋病一样，这种恐惧会给每次性交罩上阴影。

圣奥古斯丁为之后数个世纪的性态度定下了基调，他的学术继承人中有很多都延续了他对性的看法。受他的影响，教父继续宣扬原罪说，认为原罪从亚当与夏娃开始，由父母传给孩子，一代一代地通过性行为往下传。他们宣扬，在亚当堕落的那一刻，我们都被刻上了原罪的烙印。继圣奥古斯丁的《忏悔录》之后，大量的文学作品中充斥着对与性欲抗争然后迷失的人们的描写。圣人被描述成战胜了欲望、不会无节制地追求肉体快乐的人，是修身养性的典范。

例如，公元6世纪在位的教皇格里高利一世①将色欲列为"致命七宗罪"（seven deadly sins）之一。与圣奥古斯丁相呼应，格里高利一世说："合法的肉体结合是以生育为目的的，而不是为了满

---

① Pope Gregory the Great，也称"大格里高利"。——编者注

足淫欲。"色欲之所以被看作一宗罪，是因为它让人们把别人当作工具来满足自己的私欲，这是上帝无法容忍的。生前自私地追求色欲——忽略人活在世上的真正责任——死后就不能进天堂。和其前辈一样，格里高利一世担心色欲会失去控制，他发现，推广七宗罪的说法有助于宣扬基督教的教义，并避免基督教的教义遭到人类这一无法控制的基本追求的破坏。七宗罪的罪与罚成了有用的戒律，保证人们的生活符合神权制定的规则。这七宗罪之所以被冠以"致命"一词，是因为人们认为它们能够严重摧残灵魂。基督教对性的消极态度被灌输到一代又一代人的头脑中，这也许是人类对性欲以及性障碍存有矛盾心态的部分原因。

教皇格里高利一世提出七宗罪之说 700 年后（圣奥古斯丁的思想依然阴魂不散），但丁·阿里盖利在他的著作《神曲》中详细阐述了七宗罪之说。在三篇叙事诗之一的《炼狱篇》中，但丁还给七宗罪排了一下顺序，级别越高的距离天堂越近，级别越低的距离地狱越近。说到色欲时，他探讨了两种力量——倾慕于完人之美的建设性力量和充满侵犯之性欲的破坏性力量——之间的关系。但是，在陈述自己对罪孽的看法时，同那些苛刻的教父相比，但丁的措辞更为温和。在他看来，爱与欲之间有着细微的差别——贪欲的人说到底是固执地坚持自己不合理欲望的人。他把好色之徒、奸夫以及类似的罪人，都归为贪欲的人。

从《神曲》中可以看出，但丁并不十分确信该把色欲排在哪里。一方面，色欲在地狱中的位置——距离撒旦最远——说明它是最不严重的罪孽；另一方面，色欲在但丁排序的首位，让人容易联想起性的原罪说，想到亚当与夏娃被逐出伊甸园。但是，但丁采用象征方式，创造性地惩罚了没有自制力的贪欲的人。这些不幸的灵魂永远遭受强风的肆虐，把握不了自己的方向。在《炼狱篇》中，贪欲的人若想改过自新，需要穿过火焰，洗去性念头，净化自己。

对欲望的这种负面描写，在但丁之后持续存在。但是，从他的叙事诗中，我们也可以看到中世纪晚期和文艺复兴早期，人们的生活是多么保守。那个时期的主要特点是，天主教会的权力不容抗拒，婚姻的神圣是其教义的核心。谴责欲望和肉体享受，比如色欲和暴饮暴食，是基督教普遍宣扬来世胜过今世所做努力的一部分。禁欲和禁食是为了战胜肉体。为了来世的快乐，应该放弃今世的享受。

不幸的是，教父在谈论性的作用时，并没有考虑性的心理层面。他们拒绝承认人类不仅仅是各个身体部位的集合体。他们不想看到的是，欲望能让人精力充沛、增强生命活力，而且，更重要的是，欲望也是一种乐趣。当然，早期的教父不熟悉进化心理学、发展心理学、动力心理学，也不熟悉家庭系统理论。他们注定不会认识到，性欲是人类生理的重要组成部分。他们看不到性欲、性别、人格、人类发展之间的关系，他们也无法区分性与做爱。而且，尽管教父愿意接受婚内性，认为婚内性的罪孽较轻，但是，这已经到了他们能够容忍的极限了。对他们而言，夏娃的禁果——他们把禁果看作性——是罪孽，因此他们坚持认为，亚当与夏娃被逐出伊甸园，是沉迷于性而导致严重后果的一个可怕例子。

因为教父对生理学了解有限，而且持否定态度，所以他们没有机会考虑到，顺应天性也许好于违逆天性。事实恰好相反，他们高高在上，利用手中的权力打压人的天性。在接下来的数世纪内，人们对欲望的态度主要受教会的影响。在谈论性欲时，人们会引用宗教神学的说法作为权威看法。但是最终，早期的性学研究先驱，比如理查德·冯·克拉夫特·埃宾[1]、哈夫洛·克埃利斯[2]和阿尔弗雷德·金赛[3]，以及心理分析大师，比如西格蒙德·弗洛伊德[4]、西奥多·赖克[5]和埃里克·弗洛姆[6]，他们改变了大众对性的看法。这些人认为，性不仅仅是生理、生殖活动。他们认识到了心理动力。最重要的是，他们帮助大众把性看作人类生活的一个正常部分。实际上，阿尔弗雷德·金赛说过："唯一不自然的性行为是你无法做出的性行为。"西格蒙德·弗洛伊德说过："分析人类的任何一种情绪，不管从表面上看它和性欲是多么的不相干，但是深入挖掘下去，你就会发现这一原始冲动。生命因为性欲而永存。"

也许我们现在体会不到，但是那个时候要改变人们对性欲的既有看法，需要巨大的勇气和努力（这些人中的很多人，包括金赛和弗洛姆，直到第二次世界大战之后才发表他们的作品）。这些先驱的思想遭遇了巨大的阻力，很多人批评他们，说他们的言论

---

[1]　Richard Von Krafft-Ebing，奥地利精神病学家，性学研究的创始人，其著作《性精神病态》在医学史上具有很重要的地位。——编者注
[2]　Havelock Ellis，英国学者，著有《性心理学》和《生命的舞蹈》。——编者注
[3]　Alfred Kinsey，20世纪美国著名的生物学家和人类性学科学研究者。——编者注
[4]　Sigmund Freud，奥地利精神病医生、心理学家，精神分析学派的创始人，著有《梦的解析》等。——编者注
[5]　Theodor Reik，弗洛伊德最早的学生，杰出的精神分析学家。——编者注
[6]　Erich Fromm，德国精神病学家，新精神分析学代表之一，人本主义心理学的先驱。——编者注

是无耻的，强烈要求他们停止研究，但是他们坚持了下来。面对他们的英勇挑战，顽固的宗教人士仍然坚持说，上帝创造了人的躯干、脑袋、胳膊、腿，而魔鬼加上了生殖器。人类性史就是一场战争，参战的一方是"基因决定大脑"，另一方是"社会塑造人的行为"。人类性史也是一个故事，在这个故事里，社会竖起一道道栅栏，企图阻止性欲的实现。

基因驱动下的生存机器

幸运的是，现代社会中，性不再被看作只能在婚姻之内、为了生育而享受的神圣行为。自 19 世纪中叶以来，人们的性态度经历了很大的转变，变得越来越开放。钟摆倾向另外一方，人们越来越不在乎教皇格里高利一世的七宗罪之说了。曾经阻挡自由表达性欲的障碍——社会的、文化的以及医学的——消失了，性试验越来越受到鼓励。

越来越多的人从乡村涌入城市，促使了性态度的转变。乡村生活几乎没有什么隐私可言，来到城市后，人们就不用那么担心隐私问题了。随着人口从乡村向城市转移，卫生习惯、医疗条件都得到了改善，特别是避孕方法越来越便捷、越来越可靠。另外，基督教和天主教对以享乐为目的的性行为更加宽容，圣奥古斯丁的阴魂渐渐散去了。性欲不再被看作上帝憎恶之物，而是被看作上帝所创造的人的境况的一部分。

但是，性真正进入鼎盛时期是在 19 世纪 60 年代初，那时口服避孕药合法化，女人对自己的身体有了更大的控制权。因为不必再担心会怀孕，女人的性欲更有可能得到满足。另外，由于生物技术的发展，人类不再需要为了保证种族延续而发生性行为。性可以仅仅是社会和文化行为。现在，在 21 世纪，性和生物学必要性几乎没有一点关系。我们所生活的时代，享乐主义行为越来越普遍。我们所生活的社会，对满足性欲的行为表现出前所未有的宽容。从休·海夫纳（Hugh Hefner）于 1953 年创办的《花花公子》杂志，到美国电视连续剧《欲望都市》，性被描述成一个近乎体育赛事的东西，有着破纪录者、规则、裁判和观众。身体变成了性游乐场。沉睡了数世纪之久的性感区，正在被重新发掘。性交姿势远远不再局限于传教士体位；全身心投入性交并尝试各种体位，现在成了一种必不可少的礼节。

男女之间的性爱，剧情日益丰富，新添了很多形式，有精子银行、电话性爱、性俱乐部和视频约会服务等等。《全球主义者》①、《男子健美》②之类的杂志中，一些文章的标题——比如“怎样让女人愿意与你上床”或者“极致性爱：速度与激情”——反映了当今流行的性观念。一个典型的西方男人或者女人一生拥有的性伴总数，简直可以与卡萨诺瓦匹敌了。在一夜情和纵欲泛滥的时代，恋爱看上去有些过时了。既然现在比以往更容易得到性，那么性是否也变得不那么重要了？轻而易举地得到性，相应的代价是丧失深爱的能力。和性有关的情感——比如依恋、亲密、关心、在乎以及爱——在欲望等式里的权重越来越小，我们换来了一个为艾滋病、少女高怀孕率以及极高的离婚率所困扰、千疮百

---

① Cosmopolitan，英国女性杂志。——编者注
② Men's Fitness，美国男士健身杂志。——编者注

孔的社会。

圣奥古斯丁和教皇格里高利一世不是进化心理学家，他们对进化的了解只限于亚当与夏娃的故事上。他们把色欲看作一心追求性快感。他们不知道人类的性欲与其他欲望不同，它是非常独特的。他们没有认识到，欲望就是关于物种生存的，对一般动物是如此，对人类亦是如此。我们的大部分行为由进化决定，尤其是与生殖需要有关的行为。我们所说的性欲，很大程度上是与生俱来的。从进化的角度来看，节欲对物种生存十分不利。早期的教父发动了一场注定失败的战争。

今天，驱使着我们原始祖先的欲望同样也纠缠着我们。进化奖励能够繁衍生息的生命形式，并帮助其后代取得进步。尽管性冲动遭到教会"地狱之火"的威胁和诅咒，但它依然是我们所有人的祖先的行为原动力。正如乔治·萧伯纳所说的那样："在性的问题上，我们为什么要听教皇的？如果他稍微了解一点儿性，他就不会说出那样的话了。"

基因印记迫使我们成为性生存机器（sexual survival machine），所以我们所做的很多事情都是出于色欲。生殖冲动不可避免地在我们的思想、感受和行为上刻下烙印。我们不仅受动物学家理查德·道金斯①所说的"自私基因"（selfish gene）的驱使，而且受到性欲的潜在影响，而我们很多时候甚至意识不到。但是，有一点是明确的：一直以来，积极表达性欲的人与那些相对保守的人相比，繁殖得更快。喜欢进行性冒险（sexual adventurism）一直是

---

① Richard Dawkins，英国进化生物学家、动物行为学家和科普作家，他同时也是当代最著名的无神论者之一，著有《自私的基因》。——编者注

人类的固有本性，尽管有着教父的可怕警告，但是人类的这一倾向从来没有真正被社会风俗控制住。

第2章　欲望的悖论

欲望正是人的本质。

巴鲁克·斯宾诺莎，荷兰哲学家

男人渴望的是女人，而女人渴望的不外乎是成为男人渴望的对象。

斯塔尔夫人，法裔瑞士作家

越是禁止的，人们越想去尝试；越是得不到的，人们越想去拥有。

弗朗索瓦·德·拉伯雷，法国作家

一切成就的起点都是欲望。

拿破仑·希尔，美国励志大师

　　寓言家伊索曾经说过："欲望有很多操作型定义[①]。欲望相伴激情恰似相伴水火；欲望是好仆人，却是坏主人。"并非只有伊索难以理解欲望的含义，实际上，他表达了一个共识，很多人在被问到我在前面一章提出的问题时，都有这种感受。我的一个来访者是这么回答的："对我而言，性欲就是对禁果的追求，越是禁止的，我越想去尝试，越是得不到的，我越想去拥有，就好像我的动物本能控制着我的理智。但是，我的生命之所以有意义，很大程度上就是因为这个。"另外一个来访者写道："对我来说，性欲就像诗歌。它意味着心中存在所有奇妙的、诱人的幻想。我身上有股强大的力量，让我不得不听它的，它也许就是我每天早上起床的原因。回顾我的生活，回顾我做过的事情，我发现，很大程度上是欲望造就了我。"一个执行官的看法则有些悲观："每当我必须处理自己的欲望时，我就知道要有悲剧发生。以往有很多次，我都失控了。老实说，我生活中所犯的错误都是欲望惹的祸。比方说，我结过七次婚。值得吗？现在我很怀疑。不幸的是，我发现——这真是太多次了——获得自己想要的就得失去已经拥有的。"听他这么说，我想起罗宾·威廉姆斯[②]的一句名言："上帝给了人大脑和阴茎，但是没给足够的血液让人同时使用它们。"

　　不管有着什么样的外在形式，从本质上说，欲望是进化的动力，这是我们大家都能看到的。但是这并非意味着，我们应该忽略欲望的心理成分。人类行为不可避免地是生理和心理的共同产物，基因序列的展开要以特定的环境和文化为背景。历史、发育

---

① 指将一些事物，如变量、术语与客体等，以某种操作的方式表示出来。——编者注
② Robin Williams，美国著名影人。——编者注

（发展）、文化和环境的因素，对欲望的表现形式有着强烈的影响。我们不仅受本能的驱使，思想也是性感区。原则上，所有的行为模式都能被环境改变。考虑到人类漫长的怀孕期，人类的任何行为必然是先天和后天共同作用的结果。

斯塔尔夫人的话——本章开头引用了她的话——可谓一针见血。自人类有史以来，男人就想和有魅力的女人性交，而女人需要确保伴侣对自己足够忠诚。他们的问题在于怎么评价忠诚度。一夫一妻制在动物界很少见，原因很简单，如果一只雄性在能和几只雌性性交的情况下始终只和一只雌性性交，那么这对雄性基因的延续是很不利的。引用人类学家玛格丽特·米德的一句话，就是"母系制符合生物学实际，而父系制是社会发展的结果"。

但是对女人而言，情况并非如此，特别是在洪荒时代，性交有巨大风险，怀孕、分娩、哺乳过程中会遇到重重麻烦。考虑到这么多的问题，我们的女性祖先在挑选伴侣时就极其谨慎，确保所选的人能够帮助她们抚养孩子。这样做是有适应意义的，是为了更好地延续基因。

说到这里，值得提出一个有趣的相关关系：许多婚姻的长度和人类婴幼儿期的长度差不多，大约都为4年。世界范围内，婚后第4年离婚率最高，恰好和每隔4年再生一个孩子的传统观念相吻合。也许，男人与女人之间的结合，最初就是为了抚养一个孩子，孩子度过了婴幼儿期，男人和女人就可以分开了，除非他们又怀了一个孩子。一般说来，女人给男人生的孩子越多，他们分手的可能性越小。当然，在进行这些分析时，我们不要忘了经济问题也是一个重要的离婚因素。夫妻双方在经济上越互相依赖，他们离婚的可能性越小。

　　从先天与后天（nature versus nurture）的角度来看，我们可以看到环境能够塑造基因。尽管科学家可以在神经活动水平上分析人类大脑、研究人类行为，但生理构造并不是全部，人类行为还受到各种各样文化因素的影响，使性态度呈现出多元化的特点。每个人的性驱力（sexual drive）都是一杯复杂的鸡尾酒，从在大脑激起象征性联想的身体反应开始。性欲的表达形式，有些符合社会习俗，有些则让人侧目。

　　到目前为止，我们应该已经认识到，人不应该仅仅追求性。从这个意义上说，人类不能和动物一样。性活动中，动物只有感官体验，但是人类既有感官体验又有心理体验。既然人类比动物多了一层体验，当然得相应地付出一定的代价。如果我们和动物一样，只把他人当作发泄性欲的对象，性交时不投入任何感情，那么我们就否定了他人的心理层面，只看到他人的生理功用。这能让我们获得暂时的快感，但是让双方都失掉了人性。人类的性欲是个复杂的现象，因为它结合了三个情绪系统：性吸引（sexual attraction）、依恋（attachment）和爱（love）。

　　我们不是没有思想基因的生存机器，而是有着复杂情感的高级生物，因此，人类的性欲有一个基本特征：在性之外，人还需要爱、关怀和尊重。性欲可以转化成亲密、在意、关心和忠诚，这些都是依恋的成分，依恋比性欲更持久。当三个情绪系统很好地融合起来，就会形成满意的、长久的两性关系（relationship）。而且，三者的结合具有进化优势，因为彼此性吸引、彼此依恋而且彼此深爱的两个人，他们所生的孩子更可能存活并茁壮成长。

与其他动物不同，人类一直活在矛盾之中：我们一直在寻觅一个模糊的目标，没想到归根结底，我们所寻觅的其实是性。

很少有人能将所有这三种感情长期融合在一起的，更常见的情况是，某个地方短路，三种感情互相冲突、互相竞争，比如说一个人依恋甲，爱着乙，而对丙产生性兴奋。人类的两性关系非常复杂：我们需要弄清性欲、依恋和爱到底代表什么。

性欲：地毯下的蛇

伦敦国家美术馆收藏了文艺复兴时期桑德罗·波提切利[①]的一幅杰作《维纳斯与马尔斯》。维纳斯象征着爱与和谐，马尔斯象征着战争和动荡。画中，在一次鱼水之欢后，马尔斯心满意足，精疲力竭地睡去，屈服于爱的力量。维纳斯则十分清醒，专注地看着熟睡中的马尔斯。顺从战神之后，爱神获胜了。同样具有象征意义的是，调皮的森林之神在一旁玩着马尔斯丢弃的武器。

这幅著名的油画阐述了"地毯下的蛇"[②]：男女性欲的不同之处。马尔斯在满足了生理需要之后，只想睡觉，而维纳斯却想要更多——也许，她是想和马尔斯说说话？波提切利在马尔斯的脑袋旁边画了一个蜂窝，也许它象征着两性关系里潜在的、严重的、痛苦的冲突。尽管油画可以解释为，维纳斯所象征的"宇宙之爱"（cosmic love）战胜了马尔斯所象征的暴力，但是我们不禁会问，

---

① Sandro Botticelli，15 世纪末佛罗伦萨的著名画家。——编者注
② 这是一个禅理故事，讲的是一个人发现地毯上有一处扰人心烦的凸起，她尝试梳理地毯的纹路，但每每凸起都在梳过之后再度出现。极度沮丧中，她将地毯掀了起来，令人惊讶的是，地毯下滑出了一条愤怒的蛇。——编者注

这种胜利——两性关系——能够维持多久？

很有意思的是，尽管我们所有人对性都有很多思考，但是我们都很少谈论性。即使是最亲密的朋友之间，性也是个难以启齿的话题，只能泛泛而谈。必须强调一下，性欲和性行为十分不同。性欲是种心理感受，不一定反映在行为上，尽管性欲有时伴随着生理反应，比如性器官会在无意识的情况下被唤醒。

法国作家维克多·雨果写道："从牡蛎到鹰隼，从天鹅到老虎，一切动物的性格都能在人们身上找到，每种动物的性格都能在某些人身上找到，而且某些人同时具备几种动物的性格。动物只不过是用夸张的手法描述人性善恶的工具，是我们灵魂的有形反映。"这种说法十分值得怀疑，进化心理学家和发展心理学家会指出，人和动物之间确实存在不同之处。但是，从研究角度来看，以往有关人类性欲的写作都以人类病态行为研究及动物研究为基础，灵长类动物及其他动物的交媾行为是灵感的丰富源泉。尽管有些生物学取向的研究者认为，行为太重要，只能交给心理学家去研究，但是，他们回避了一个实质问题：将动物研究的结果推广到人类，是否真的恰当？将动物性欲方面的知识应用到人类身上，是十分冒昧的。考虑到人类漫长的成熟期，人类的性行为远比动物的性行为复杂。从神经学角度来看，一个强有力的证据就是人类高度进化的大脑皮层［这部分脑区负责许多复杂的脑功能，包括记忆、注意、知觉觉知（perceptual awareness）、思维、语言和意识］。这意味着性交对人类两性关系是有影响的。另外，没有证据表明动物可以通过性幻想唤醒自己。没有异性在场，智人[①]也能变得性兴奋。正如电影明星索菲亚·罗兰所说的那样："性魅力，50% 源于自身条件，50% 源于别人的眼光。"

当我们摆弄"性欲"这一字眼时，我们以为所指的都是同一含义。但是，"性欲"有许多不同的操作型定义。从十分超然的神经学角度来看，性欲可以看作神经内分泌系统产生自发性趣体验的结果。对我而言，性欲就是两个人之间的"来电"，是两个人因为性而彼此倾慕、彼此吸引的感受。性欲表现为性念头、性感受、性幻想、性梦，渴望接近心仪的异性，想要发生性行为（独自或者与伴侣一起），以及性器官变得敏感。

性学家弗吉尼亚·约翰逊引入"人类性反应周期"（human sexual response cycle）的概念，指的是人出现性兴奋及进行性活动（包括性交和自慰）时所经历的一系列生理变化和情绪变化。她描述了几个生理反应阶段，分别定义为兴奋期、持续期、高潮期、消退期。

这种划分方式没有考虑性欲，所以，另外一个性研究者海伦·辛格·卡普兰，在兴奋期前面加了一个性欲期。但是，根据我们对依恋和爱的了解，女性的性反应也许并不遵循这个将性反应划分成几个不连续阶段的线型模型。相反，更符合实际的应该是一个基于亲密的性反应周期循环模型，各阶段互相叠加，而且出现顺序并不固定。

但是我们可能会奇怪，对性而言，欲望体验是否是后来加上

---

① homo sapiens，即"智慧的人"，人类发展史上的第二个阶段。其中又可分为早期智人和晚期智人两个发展阶段。——编者注

的而非先兆。性兴奋不一定是有意识的过程，更可能是潜意识的。在意识脑（左脑）之前，潜意识脑（右脑）已经通过身体刺激或者阈下刺激[1]感受到性欲了。已经有很多研究表明，看到情色图片时，人的身体的整个动力系统几乎立即被激活了。实际上，在大脑产生情色图像之前，身体可能已经产生了性欲。

　　尽管一些性学家对性欲的看法相当机械，把它当作一种固有的动机需要（驱动生理功能，进而保证物种生存），但是大多数人认为这些神经和生理机制受到心理因素的影响。性欲是个复杂的心理与生理过程，身体疾病、年龄、悲伤等因素会让性欲下降。荷尔蒙、月经、怀孕、更年期、使用药物也与性欲的消长变化有关。另外，性欲等式里偏认知的那部分，还受到渴望被爱、渴望有男人味 / 女人味，以及希望取悦伴侣等因素的影响。

　　而且，正如早期教父的劝告所表明的那样，人类性欲与动物性欲有一个不同之处，就是前者会受到禁忌的限制。很小的时候，人们就被灌输了很多与性有关的条条框框。尽管受到这些禁忌的限制，性欲仍然无孔不入。幻想是人类大脑特有的功能，在人类生活中扮演着重要的角色，因此性禁忌对性也有好处：违反禁忌带来的兴奋也能激起欲望。人们对性心存恐惧，部分是因为性的危险性。正如导演梅尔·布鲁克斯[2]所说的那样："很小的时候，大人们就开始教导我，性是肮脏的，是不能碰的，于是我就认为性应该就是这样。但越是肮脏的、不能碰的，就越令人兴奋。"禁

---

[1]　阈刺激，即产生动作电位所需的最小刺激强度，作为衡量组织兴奋性高低的指标。强度小于阈值的刺激，称为阈下刺激；阈下刺激不能引起兴奋或动作电位，但并非对组织细胞不产生任何影响。——编者注
[2]　Mel Brooks，美国杰出的喜剧电影导演。——编者注

区一直很有诱惑性。色情文学中有很多以修女、神父做爱为题材的作品，表明"欲望战胜禁忌"能让人们产生性兴奋。实际上，在很多情况下，性欲反映了人类和自己的斗争。

新鲜感的作用：柯立芝效应

新鲜感对性欲有很大的影响，很多研究道出了"柯立芝效应"（Coolidge Effect）在人类性行为中的重要作用。有个故事很出名，但可能只是杜撰。

美国总统卡尔文·柯立芝偕夫人参观某农场，到了农场之后，两人分头参观。柯立芝夫人到了鸡舍，发现一只公鸡正在和一只母鸡交配，于是她问鸡舍管理员，一只公鸡是否能满足鸡舍里这么多只母鸡的需要。"是的，"管理员说，"公鸡很努力，很尽责。"柯立芝夫人又问，"真的？它每天都交配？""是的，"管理员回答说，"实际上，他每天交配12次。""这可真有意思，"柯立芝夫人回答说，"请把这个告诉总统。"

没过多会儿，总统也来到鸡舍参观，管理员便将公鸡的事——总统夫人的话——告诉了他。"公鸡每次都是跟同一只母鸡交配吗？"总统问。"当然不是。它每次都跟不同的母鸡交配。"管理员回答说。"那么也请把这个告诉总统夫人。"柯立芝微笑着说。

大多数研究表明：尽管在两性关系初期，我们的大多数行为由性欲驱动，但是随着时间的推移，我们很难对同一个人一直保持旺盛的性欲。对我们当中的很多人而言，一见钟情不算什么，白头偕老才是奇迹。

通常，两性关系刚开始时，一切都是新鲜的、刺激的，这个时候，男女双方都激情满满、性致勃勃地探索对方的身体。但是征服期很快就结束了，继而进入平淡期。讽刺的是，知道任何时候我们都可以做爱，意味着我们不能无所顾忌地做爱。一个喜剧演员曾经说过："当你的妻子说'你只对一件事感兴趣'，而你不明白她所指何事时，这就说明你的婚姻出了问题。"

依恋

喜剧演员史蒂夫·马丁对依恋的理解比较形象。他说："伙计，不要做爱。做爱就要亲吻，不一会儿，你还得与她们说话。"这正好可以作为波提切利的画作《维纳斯与马尔斯》的旁白。只有性是不够的：男人需要做更多的事才能满足女人。

正如我已经指出的那样，人类的性比动物的性要复杂得多。为了理解性的心理动力机制，我们可以借鉴依恋理论，重新定义性行为在性欲中的作用。尽管在许多两性关系中，性是必需品，但是走过最初的性迷恋期（sexual infatuation），性就不那么重要了。对许多夫妻而言，性通常不过是他们之间保持亲密的一个很小因素。然而，性和依恋，经常不可兼得。许多人用性去制造或者替代他们所需的连接感（sense of connection）。电影明星麦·韦斯特曾经说过："做爱是有感情的运动。"工作中，我接触到许多这样的人：他们的性生活丰富，却渴望投入的、长久的感情，渴望更亲密、更忠诚。许多人做爱只是因为需要被人拥抱。一个女人曾经向我吐露心声:"我现在意识到,我是用阴道去握手!"通常,性交可以解释成为了实现另一目的的谈话。说到这,我们要谈一谈依恋。

印度有句谚语如是说:"就像身体由不同器官组成一样,所有的生物要想在道德社会里生存下去,都必须互相依赖。"只靠自己的念头是荒诞不经的,完全的自给自足则是痴心妄想。缺少社会接触会造成生理和心理障碍,在完全与世隔绝的条件下,我们只会退化。考虑到我们的心理起源和进化起源,单枪匹马的牛仔驰骋在夕阳之下的画面只能是一个幻想,是违反人类相互依存的现实的。我们基本的依恋需要让我们成为与他人有连接的个体,而与他人的连接决定了我们是什么样的人。我们是社会动物,依恋需要让依赖他人成为人类不可分割的一部分,关系需要是我们本质的一面。

英国精神分析学家约翰·鲍尔比通过研究婴幼儿与父母相分离后所体验到的强烈痛苦,而发展出依恋理论。根据鲍尔比的说法,生命的原始动机就是与他人建立连接感,这种连接感是唯一让我们觉得安全的体验。鲍尔比认为,依恋行为是婴幼儿与首要养育人(primary caretaker,即为之提供支持、保护和照顾的人)相分离时产生的适应性反应,因为婴幼儿无法保护自己,与首要养育人分离意味陷入无助状态。

鲍尔比观察到,婴幼儿会极力阻止父母离去或者拼命追赶离去的父母。他还发现,如果孩子觉得依恋对象就在身边随时回应自己,就会感到安全,会积极探索周围的环境、与他人玩耍,显得更活泼。但是,如果孩子觉得依恋对象不可靠,就会体验到焦虑，就会极力想在身体上和心理上更加靠近依恋对象。如果孩子不能建立这种连接，就会体验到失望感和抑郁感。

鲍尔比的观察表明了维持亲近关系对物种生存的必要性，母亲（或其他养育者）与孩子之间的身体亲近需要有着进化学意义。在危险的、不可测的世界里，一位会及时响应的养育者是婴幼儿生存的保障。这意味着儿童的早期生活经验会影响他／她日后的心理与行为模式。尽管鲍尔比主要研究的是婴幼儿与养育者之间的依恋关系，但是他相信，成人两性之间有着和婴幼儿类似的依恋关系，而且成人阶段的依恋关系和婴幼儿阶段的依恋关系是一脉相承的。

美国发展心理学家玛丽・安斯沃斯（Mary Ainsworth）拓展了鲍尔比的依恋理论，引入了"陌生情境"（strange situation）的概念。这是一种实验范式，在该实验范式中，实验者安排 12~18 个月大的孩子与他们的母亲短暂地分离然后重聚，并观察他们在这种情境下有何反应。安斯沃斯根据依恋关系安全程度的不同，区分出三种基本的依恋类型。她观察到，多数孩子与养育者之间有着安全的依恋关系（secure attachment style）。尽管单独与陌生人待在一起时孩子会表现出烦躁迹象，但是当母亲返回时他们会主动迎上去，让母亲抱一会儿，然后继续玩、继续探索。这些孩子之所以发展出安全的依恋关系，是因为他们的母亲对他们的需求很敏感，而且积极回应他们。她所观察的孩子之中，40% 属于相对不安全的依恋类型（insecure attachment style）。这些孩子与母亲分离时，表现得十分焦虑，而且安斯沃斯发现，有趣的是：当母亲回来时，他们对母亲欲迎又拒。安斯沃斯解释说，这些孩子之所以表现出矛盾的态度，是因为母亲对待他们的方式变化无常，有时热情、有时冷漠，往往取决于自己的心情。这种变化无常的关系带来的结果是：孩子是如此的担心不能在母亲那里获得关爱，以致没有足够的安全感去探索周围的世界。安斯沃斯还观察到，有些孩子属于第三种依恋类型，她称之为回避依恋型（avoidant attachment style）。这些孩子在与母亲分离期间似乎并不焦虑，母亲回来时他们也没有表现出欣喜。但是，这些孩子只是很好地掩藏了自己的焦虑。尽管他们避免对养育者产生任何依恋，但是内心里他们还是有感觉的。安斯沃斯发现，这些孩子的养育者通常生硬地拒绝所有亲密的身体接触。

随着时间的推移，依据这三种依恋类型所做的预测成为自我实现的预言。长大成人后，我们按照各自已经内化于心的关系脚本，与他人建立关系。这些已经内化于心的关系脚本影响着我们加工信息的方式，影响着我们的世界观，也影响着我们对社会交往的期待与体验。儿时形成的依恋类型也会伴随我们成年之后的生活，影响我们在恋爱关系中的行为，影响我们对伴侣的选择。成人在恋爱关系中安全感的高低，部分地反映了他／她在童年早期阶段的依恋经验。

当然，童年依恋和成年依恋还是有重要差别的。第一，童年依恋并不对称，关系往往是附属性质而不是交互性质，因为孩子对父母的依赖多于父母对孩子的依赖。第二，成年依恋中往往掺杂着性的成分。

根据某人的童年依恋类型，我们可以推测他／她成年后在两性关系中有多大的安全感，多大程度上担心会被伴侣抛弃，多大程度上自信会持续得到伴侣的关爱。有些人能够依赖他人，也能让他人依赖自己；相比之下，有些人则对两性关系没有安全感，充满焦虑，担心他人不够专一，当自己的依恋需要未被满足时容易沮丧和生气；有些人则会采取回避策略，表现得不怎么在乎亲密关系，不愿意过于依赖他人，也不愿意他人依赖自己。

尽管母子关系是各种关系模式的基本模型，但是从发展的角度来看，这种双向关系后面经常跟着童年时期一个典型的三角关系：母亲、父亲以及孩子之间的三角关系。这个三角关系如何在家庭里展开——孩子与母亲之间、孩子与父亲之间分别有着怎样的联系——也能影响儿童成年之后对婚恋依恋（romantic attachment）的处理。这个三角关系也可能呈现出病态，即三方之间的相处模式被迫重复某种功能失调。成长过程中的这个三角关系也可能为以后婚恋关系中的矛盾埋下导火索。乔治·萧伯纳曾经说过："如果你摆脱不了家丑，那么你也许可以与之共舞。"每个家庭都有自己的故事，每个家庭的故事都蕴含着希望和绝望。

爱与它有何相关

爱与欲望有什么关系？"欲望"、"性"、"爱"这几个词容易互相混淆，人们经常将它们混着使用。许多人在"性"与"爱"之间画等号。但是正如我早先说过的那样，尽管性能让两个人走到一起，但是单纯的身体吸引不能让两个人的关系维系很长时间。尽管性涉及身体亲密，但是没有与爱相伴的深度情感。爱是欲望当中的性元素和依恋元素的"联姻"。

有很多关于爱情的名人名言。罗伯特·弗罗斯特[1]描述了爱情的强大驱动力，他写道："爱情是情不自禁地渴求别人对自己情不自禁地渴求。"人们经常把爱情和意乱情迷、神魂颠倒联系起来，当我们坠入爱河，幻想对我们的意义不亚于爱情本身。引用数学家兼哲学家布莱斯·帕斯卡的话说，就是"心灵自有理智无法理解的理由"。或者引用另外一位哲学家弗朗西斯·培根的话说，就是"爱情和理智不能并存"。爱情让我们做出疯狂的事情，这些事情在其他情况下我们绝对做不出。爱情甚至能让我们认不出自己，它"将我们横扫在地"，让"我们变得盲目、晕眩"，令我们"做出愚蠢的事情"。爱情把我们赶出安乐窝，正如古罗马诗人奥维德所说的那样："它不是懦夫做得了的。"记者兼社会评论家亨利·路易斯·门肯对爱情的看法更为玩世不恭，他说爱情是"想象对理智之胜利"。电影大师伍迪·艾伦关注爱与性之间的关系，他说："爱是答案，可是当你等待答案的时候，性会提出几个很好的问题。"他的电影展示了人们的这样一种倾向：你可以和别人疯狂地做爱，却难以疯狂地爱上别人。早期的教父谈到爱时，并不是这个意思，他们更关心后世之爱而不是今生之爱，他们要避免今生之爱。他们认为单身生活就会让人好色，他们显然无法区分好色之徒和害了相思病的人。

好色之徒见谁都会起色心，而害了相思病的人只对某个人起色心。人们可能不知道自己是否在恋爱，但是绝对知道自己是否在做爱。有些人认为性驱力如此强大、如此具有侵犯性，以致我们企图给它套上缰绳，称之为"爱"。愤世嫉俗的人认为，把性称

---

[1]　Robert Frost，20 世纪美国著名诗人。——编者注

作"爱"是给我们基本的生理需求穿上体面的外衣，是掩饰"快速性爱"①的绝佳幌子，能让两个人暂时走到一起，这一戏法被很多男人大肆利用。

当两个人相爱之时，性是相互交流、表达感受的一种（非常亲密的）方式。性是一种可以用来表达温柔、钟爱、愤怒、憎恨、优越感和依赖心理的身体语言，它远比口头语言简洁，因为口头语言的表达难免抽象、往往拙劣。而相爱之时，性不过是追求快乐的一种权宜之计，是建立连接的一种方式。

所有这些言论说明，人类的性绝不仅仅止于身体亲密。尽管性关系可以帮助我们从身体上了解他人，但在揭开身体面纱的同时，我们也能揭开性棒面纱。有些女人做爱并不是为了性：因为她们想要留住男人、想要拥有男人，所以男人要她们做什么，她们就做什么。但是，这些女人没有意识到，情感依恋（emotional attachment）让她们易受伤害。和男人发生性关系，男人不一定自动对你产生情感依恋。尽管有些女人可能认为，性是绑住男人的最为保险的方式，但是她们正在慢慢醒悟。引用电影明星莎朗·斯通的话说："女人也许能够假装高潮，但是男人能够从头到尾逢场作戏。"或者就像在这个话题上很有发言权的伍迪·艾伦所说的那样："无爱之性是空虚的体验，但是它是棒极了的空虚体验。"

交往中的男女需要互相了解，这往往让性、爱难以分开。法国作家弗朗索瓦·德·拉罗什富科说过："很难给'爱'一个恰当的定义，我们最多只能这么说：在灵魂上，它是控制欲；在精神

①　wham-bam-thank-you-ma'am，直奔主题、忽略前戏的做爱。——编者注

上，它是同情心；在身体上，它是若隐若现的渴望——一系列仪式之后——渴望得到所爱之人。"撇开其生理的一面之后，性欲很大程度上是一种权力、支配或者控制欲望，是一种渴望宣称"你是我的"的心态，对男女来说都是如此。

爱则是关怀、亲近和衷心倾慕。但是，正如我早先说过的那样，依恋有助于我们理解热烈的爱到底是什么——找到一个与自己相连接的人，驱赶依恋恐惧（attachment fears）。当我们坠入爱河时，就会形成依恋连接（attachment bond），通过维持这个连接，我们得以留在爱河。在连接中，过于疏远或过于靠近时，我们会有情绪反应，于是调节彼此的距离，直到两个人都感到舒适为止。当然，每个人对爱的体验并不一样。对某些人来说，爱是幻想、是需要；对另外一些人来说，爱是情感游戏；然而，还有一些人，对于他们来说，爱就是渴望照顾另外一个人。一个愤世嫉俗的人，比如作家萨默塞特·毛姆，可能纯粹从功用角度看待爱："爱只是施加在我们身上，以传宗接代为目的的卑鄙行为。"

罗曼蒂克式的爱情

当我们说到爱时，我们会区分不同类型的爱，包括自爱、父母之爱、家庭之爱、子女之爱、夫妻之爱、宗教之爱，对动物的爱，对人类的爱，以及罗曼蒂克式的爱情。很多文化都在讴歌罗曼蒂克式的爱情，很早的时期，艺术和文学作品中就满是罗曼蒂克式爱情的例子。《旧约》中的《雅歌》（"*Song of Solomon*"，所罗门之歌；又称"*Song of Songs*"，歌中之歌）——庄严文字中的活泼点缀——是新郎和新娘之间的一段对话，表达了两人之间相互的罗曼蒂克式的诱惑和性吸引。还有古罗马诗人奥维德的爱情诗《爱情三论》，古印度诗人迦梨陀娑的剧本《沙恭达罗》，古波斯诗人莪默·伽亚谟（Omar Khayyam）的诗作《鲁拜集》，以及早期罗曼蒂克式爱情最著名的记录之一《圣殿下的私语：阿伯拉尔和爱洛伊丝书信集》。这些有关罗曼蒂克式爱情的例子只是冰山一角。

罗曼蒂克式的爱情和欲望的不同之处在于，罗曼蒂克式的爱情更强调情感而不是肉体快乐，起码在最初阶段是这样的。看待罗曼蒂克式爱情的另外一种方式，是把它看作披上艺术外衣的性，在罗曼蒂克式的爱情里，性欲经常被压抑、升华甚至超越。

罗曼蒂克式的爱情是种十分独特的心理状态。在西方世界，罗曼蒂克式的爱情从 12 世纪才开始真正盛行，这反映在普罗旺斯行吟诗人的文章、书信以及诗歌里。在那之前，人们非常轻视罗曼蒂克式的爱情（男女之间不由自主地相互吸引，男女双方在关系中处于平等地位），大多数两性关系都很现实、牵扯到利益，教会对婚姻具有管理权，贵族的婚姻大多为政治联姻，普通百姓的婚姻则由父母包办，爱情在婚姻中几乎没有什么地位，女人在婚姻问题上几乎没有发言权。大体上，婚姻由男人来安排，目的是确保或加强财富、地位、权力的稳固性。但是到了 12 世纪，有关两性关系的这种看法逐渐得到改变，爱情成分越来越大。到了文艺复兴时期，爱情成了人类两性关系的关键要素，人们对爱情的复杂性有了越来越清晰的认识，这一点在莎士比亚的著作《罗密欧与朱丽叶》中得到了很好的阐释。

柏拉图式的爱情（纯洁而热烈的爱，含有深厚的友谊成分），与罗曼蒂克式的爱情有着密切的关系。放弃所有的性成分，罗曼蒂克式爱情就成了柏拉图式爱情。很多有关罗曼蒂克式爱情的文学作品（特别是 19 世纪的作品）是柏拉图式爱情的某种悲歌，主角谈论最多的是自己的幻想，肉欲被放到一边甚至被深深掩埋，爱情往往是灵魂的折磨而不是身体的激情。柏拉图式的爱情中是否弥散着圣奥古斯丁的阴魂？他写道："如果爱在你心中成长，那么美也在成长，因为美就是心中有爱。"

阅读这些日记、书信及小说，你会发现里面存在明显的理想主义，求爱舞蹈中的主角把对方捧上了天，痴迷又盲目。于是，罗曼蒂克式的爱情成为两人的宗教，恋爱的双方暂时陷入"我的眼中只有你"、"你我不分彼此"的状态。这种情况下，恋爱中的两个人非常渴望融为一体，外人难以将其分开。

从临床心理学的角度来看，这种强烈的、亲密的罗曼蒂克式爱情，是早期母子关系在成年恋爱关系中的再生、重现和复燃，是一个十分古老的关系的复活，情侣之间互相昵称对方为"爱情鸟"、"甜心"、"蜜糖"、"宝贝"、"小南瓜"、"小蛋糕"——我们都听到过——就体现了这一点。这些称呼让我们回忆起，小时候母亲就是这么宠爱地叫我们的。从象征意义上说，夫妻之间似乎存在一种神秘的联系，那种我们失去很久但一直渴望着的早期母子关系。那么，罗曼蒂克式的爱情真的是"想象对理智之胜利"？乔治·萧伯纳可能这样想过："爱就是将某个人与其他人之间的区别无限放大。"

但是，罗曼蒂克式的爱情并非只是精神上的重现与重聚，我们不该被其非性的一面所迷惑。罗曼蒂克式的爱情从表面上看可能和性没有关系，但还是隐藏着肉体的一面。性压抑和欲擒故纵是罗曼蒂克式爱情的动力源泉。母子之间依恋模式的复活还不足以诞生罗曼蒂克式的爱情，罗曼蒂克式的爱情还要求坠入爱河的双方对彼此有强烈的性趣。

性需求和依恋需求的融合

罗曼蒂克式的爱情融合了依恋和性欲，是依恋和性欲的折中产物。只要性欲还没有找到出口，罗曼蒂克式的爱情就有生存空间；但是性欲终归要发泄，所以罗曼蒂克式的爱情往往转瞬即逝。罗曼蒂克式的爱情就像婚姻大战的序曲，而婚姻的最终目的就是让性合法化。然而，一旦有了肌肤之亲，罗曼蒂克式的爱情就会消失，生活就会奏起锅碗瓢盆的交响曲：孩子、贷款、洗刷、购物、做饭……最后，还得有个人倒垃圾。

两性关系进入平淡期之后，罗曼蒂克式的爱情就无法生存，这时，原先被高高地捧着的心上人儿就从天上掉了下来。音乐停止了，神秘感消失了，彼此都看到了对方在浓情蜜意之时隐藏于完美之下的缺点和不足。

尽管罗曼蒂克式的爱情总有幻灭之时，但是它非常强大。当我们回顾自己的一生，会发现我们真正活着的时刻就是被爱或者爱着别人的时刻。我们决不会忘记与爱人的第一次见面、第一次接吻以及第一次亲密接触，这些回忆如此生动，永远历历在目。

罗曼蒂克式的爱情是会变的——不仅因世界而改变，也因自己而改变。恋爱是更好地了解自己的一种很好的方式。在某种意义上说，爱就是脆弱的代名词。恋爱唤醒了古老的依恋模式，它本身就是一个学习过程。当激情消退，罗曼蒂克式的爱情就会转化成另外一种更为长久的形式——亲情，两个人互相陪伴、互相扶持、互相挂念。建立这种安全依恋的能力有助于身心健康，能够帮助我们排遣生活压力。

如果幸运的话，一生之中我们可以不断体验激情和浪漫，但是这需要我们去经营，不断制造新鲜感，不要让爱成为习惯。不管哪种关系，持续经营都有助于缓解冲突、澄清误解。爱是治愈创伤的灵丹妙药，是成长的特效催化剂。有爱作为安全港湾，男人和女人都可以出海探索，去发现新天地。在很多方面，爱不仅让世界运转，而且让世界运转得有意义。

第3章　马尔斯遇见维纳斯

有个伟大的问题一直无人能解，对此我也同样无能为力，这个问题就是"女人到底想要什么？"

西格蒙德·弗洛伊德

你不是只和一个人睡觉，你是和所有曾经与这个人睡过的人一起睡觉。

特丽萨·格林肖

说我一丝不挂是不准确的，我床头就挂着个收音机啊。

玛丽莲·梦露

欲望对于真正充实的生活而言，是很重要的。欲望是决定我们成为什么样的人的关键要素。尽管我们很多人不会把自我和欲望直接联系到一起，但是没有了欲望，我们的自我感就会发生很大的变化。我们就是性的存在。

但是，影响人们选择伴侣的因素是什么？是什么让两个人互相吸引？吸引力到底是什么？

进化心理学和伴侣选择

通常，选择伴侣是需要信心的，有些执行官把它描述成他们所做过的最勇敢、最冒险、最不切实际的事情。尽管信息不足，他们还是要大胆做出决定。当两个人结成伴侣时，通常都有各自一厢情愿的想法。当我们坠入爱河，一切似乎都有可能——我们能翻越高山，我们能跨过火海，我们无所不能。这就是爱情的错觉效应。旁观者可能搞不清楚状况，但恋爱中的当事人似乎能看到旁观者看不到的东西（或者看不到旁观者能够看到的东西），他们进入了一个只有彼此的世界。恋爱中的两个人，呈现出矛盾的一面：双方都充满想象力，同时又十分盲目。

"爱是盲目的"，这可以部分地解释为什么恋爱中的双方彼此互相吸引。为什么会有一见钟情之类的事情？有时，我们看着某些恋爱中的人儿，会疑惑他们在彼此的眼中是什么样子的。这个问题通常没有答案。某个男人眼中的笨女人，可能是另外一个男人眼中的好妻子。

用"洛伦兹效应"（Lorenz Effect）解释伴侣选择是非常有趣的。康拉德·洛伦兹（Konrad Lorenz）是个进化学家，他做过许多早期印刻效应（early imprinting）的研究。洛伦兹用家禽做研究对象，描述了新孵出来的小鸡是如何迅速与母鸡或者母鸡替代物建立强烈的依恋关系的，也描述了新孵出来的小鹅是如何把他当成鹅妈妈的，因为小鹅第一个接触到的是他，而不是鹅妈妈。他之所以这么说，是因为无论他走到哪里，小鹅就跟到哪里。我们在人类身上是否也能观察到类似的模式？如果答案是肯定的，那么也许印刻效应就是为什么"爱是盲目的"这一烦人问题的答案。它能够解释"来电"、"一见钟情"：看到某个人，我们会下意识地想起某个家人（通常是我们的父母）的面孔，意识到这就是我们一直寻找的人。

除了"洛伦兹效应"以外，还有很多因素影响到伴侣选择。人类的繁殖周期相对漫长——怀孕期很长，出生后，还有漫长的抚养期（实际上，人类出生得过早了，因为其大脑相对较大而产道相对较窄）。结果，男人和女人在挑选配偶时就很挑剔，男人希望女人看起来最有生殖潜力以帮助自己延续基因，女人则希望男人最有经济实力以帮助自己抚养后代。进化心理学家指出，基因契合、身体契合，甚至情感契合，对男女双方来说都是很重要的。

正如我前面说过的那样，男人、女人天生对性有不同的要求。有人曾说过，女人需要理由才肯做爱，而男人只要有地方就可以。男人把性当作目的本身，因为性让人感觉如此美好。当然，性也会让女人感觉美好，但是女人往往需要更多，在性之外，她们还需要亲密和亲近。对进化心理学家来说，其中的理由是不言而喻的。容易兴奋——只需看一眼裸体女人——对男人有利，因为有助于其基因繁殖；而容易兴奋对女人不利，因为这会打乱她们谨慎选择配偶的策略。

我原先说过，怀孕让女人变得非常脆弱，她们需要可靠的伴侣来帮助她们度过怀孕期、生产期，并帮助自己抚养孩子。数千年以来，女人一直在寻找既专一又具有维持长期关系实力的男人。就像电影明星麦·韦斯特所说的那样："男人容易到手，但是难以留住。"

那么我们的选择标准是什么？不足为奇的是，男人和女人都在乎外表。身体吸引力很重要，所谓身体吸引力是指——身体要健康，无论从外表上看还是从智力上看，都有很强的优生潜力。男人和女人都同样关注身材，男人希望女人有着沙漏身材、低腰臀比，这些意味着女人有很强的生育能力。女人则青睐男人的 V 型身材（或者说倒三角身材），即有着运动员般的体格——这样的男人狩猎能力更强。这也能够解释为什么男人像孔雀开屏一样，喜欢在战场上或者运动场上表现自己的英勇（意味着他们具有成为猎人的潜力）。女人喜欢高个子的男人，而男人喜欢比自己矮的女人。男人和女人都喜欢体重正常或者稍微偏瘦的人。一般说来，人们认为极端的体形没有吸引力。

增强外表吸引力只是女人的武器之一，女人还知道扮柔弱可以激起异性的保护欲。麦·韦斯特——一个丝毫都不柔弱的女子——曾经讽刺说："聪明只有藏起来，才能成为资质。"在求偶游戏中，不要表现得太聪明以免给对方造成威胁，对女人来说是上策。歌手兼演员桃莉·巴顿（Dolly Parton）也有同感："所有有关金发美女没头脑的笑话都不会让我生气，因为我知道我有头脑，而且我也知道我不是金发美女。"认为金发美女无脑也许是个过于呆板、刻薄的印象，但是无脑的金发美女确实更有异性缘。喜剧演员格罗克·马克思（Groucho Marx）说过："女人应该风骚点，而不可太聪明。"这话可能有些露骨，但他却道出了事实。许多女人仍然受到以下谚语的困扰："我思考，所以我单身。"

外貌只是求偶游戏的一面。对女人来说，男人的社会地位、物质财富以及供养能力（表现出多大的野心、有多勤奋）也是影响伴侣选择的重要因素。女人一直在寻找有钱途的男人。在远古时代，女人希望与有着很强狩猎能力的男人结合，这样做可以得到很多好处，包括安全保障、物质资源等等，自己和孩子的生存几率就更大。今天，很多男人强烈认为这一模式仍然在发挥作用。根据讽刺诗作家帕特里克·欧洛克（Patrick O'Rourke）的说法："有很多机械装置可以增强人（尤其是女人）的性趣，其中位于首位的就是敞篷的奔驰 380SL①。"对物质条件的关注也能解释为什么女人通常选择比自己年长的男性——年龄越大意味着收入越高。相比之下，男人喜欢比自己年轻的女人，不仅因为年轻的女人生育能力更强，而且因为他们可以拿年轻的女人作为地位象征，在其他男人面前炫耀。

但是，男人具有很强的供养能力还不够，还需要具备其他优秀品质，比如可靠性、情感稳重、浪漫、富有同情心，以及善良。女人在选择伴侣时，非常看重对方是否善良，因为善良意味着把伴侣的需要放在自己的需要之前，而且更重要的是，善良意味着对孩子也很好。对孩子越好的男人，其侵犯性越小——考虑到侵犯性是男人殴打妻子的重要原因，善良可谓是一个很有吸引力的特质。

忠诚也是两性关系成功的主要因素。对女人来说，忠诚意味

---

① 老款著名跑车。——编者注

着将性资源留给一个伴侣享用；从进化心理学的角度来看，忠诚意味着只延续一个伴侣的基因。这也有助于解释为什么男人痛恨妻子的淫荡——他们想要确保妻子所生的孩子是自己的。这也有助于解释男性的嫉妒心理，男人甚至会因为嫉妒杀人。另外，性嫉妒的适应功能在于——尽管看起来可能具有破坏作用——就是阻止背叛、确保父权，嫉妒心强的男性更可能传递自己的基因。另一方面，嫉妒心强的女性，也就是成功赶走其他女人的女性，可以受到更好的保护、获得更多的资源。

寻找相近之人

仅仅从进化心理学角度解释伴侣选择可能显得有些单薄，而且看不出多少心理学的影子。在伴侣选择这个话题上，心理治疗师以及精神分析师会说些什么呢？对于人们为什么选择彼此，他们又会给出什么解释呢？我们能辨别伴侣选择的不同模式吗？

心理学研究告诉我们，我们倾向于寻找与自己接近的人，或者是接近"理想自我"（ideal self）的人。我们期望能在对方身上找到自己所缺少的东西，也期望能给对方他/她所没有的东西。更复杂的是，我们可能潜意识地将被自己否认的那部分自我投射到对方身上，同时潜意识地内化对方投射到我们身上的、被对方所否定的那部分自我。当然，这些看法很多都是虚构的。如果我们彻头彻尾地了解对方，那么我们就不能"爱"了。爱需要保持一点神秘感，这样方便对方成为我们投射性认同（projective identification）的对象。

投射性认同是个人际过程，在这个过程当中，一部分自我被投射到别人身上。个体把自己无法接受的情感、冲动或者想法错误地归结到他人身上，以应对情绪冲突或者内外界压力。但是和简单投射不一样的是，在投射性认同中，投射者强迫投射对象按照他 / 她的投射去思考、感受或者行动。也就是，伴侣中的一方 A 实际上在另一方 B 身上，诱导出 B 原本没有的、在 A 看来是错误的想法、感受或者行为，于是就很难说清到底是谁先对谁做了什么了。投射对象然后对所投射的想法、感受或者行为进行加工和转化，使它可以被投射者重新内化（重新体验并理解）。这一过程创造出一种境界：自我与他人之间的边界，或者自我与他人的定义变得模糊。投射性认同可以拉近投射者与投射对象的身体距离①。通过这种人际之桥，伴侣双方可以利用彼此，"修复"各自童年时期体验到的创伤。

为了阐明这一点，我可以讲一个来访者的故事。这个来访者告诉我，她的父亲是个酒鬼，而且性情很残暴，小时候，她经常被父亲的酒后失控吓得胆战心惊。她还记得父亲发酒疯时殴打母亲的情形，那个时候，她非常无助，不知道该怎么办。她迫切希望赶快长大，离开这个家。讽刺的是，长大后，她似乎重蹈了母亲的覆辙，嫁给了一个同样残暴的男人。从她的讲述中，我推断出，她选择了一个性格很像自己父亲的伴侣，并把父亲身上（或者她自己身上）她所不喜欢的东西投射到伴侣身上。她的伴侣内化了这些性格——潜意识地——并且按照这些性格行事，让两人的关系雪上加霜。她并没有意识到，自己在选择伴侣时，之所以

① 此处疑原文有误，应该是"心理距离"。——译者注

选择了和父亲类似的人，是想解开她童年时期打下的痛苦心结。从心理动力学的角度来看，这个女人挑选这样的丈夫是为了治疗自己童年时期所受的创伤。

有个老掉牙的笑话是这么说的：婚姻就是让一个男人和一个女人变成一个人，当他们试图决定变成哪个人的时候，麻烦就开始了。伴侣之间存在两种无意识的契约，一种是神经质的，一种是发展的。在第一种情况下，伴侣双方无意识地共享一些东西——正如前面的例子中所描述的那样——通过投射性认同来共同应对焦虑。伴侣的一方为了应对情绪冲突或者内外界压力，把自己无法接受的情感、冲动或者想法传递给另外一方；另外一方不是真的去处理这些情绪冲突和内外界压力，而是把这些情感、冲动或者想法当作自己真实的一部分接受下来。结果，双方都陷入一种神经质状态。

任何两个连接紧密的人，都有把各自的想法和观念——不一定总是建设性的——传递给对方的危险，这种交互作用会迅速变成感应性精神病（folie à deux），即伴侣中的一方所表达的妄想观念被另一方吸收和复制，因为后者拼命想要相信前者——那个让后者投入了很多并且让后者依赖的人。"当然你是对的，亲爱的；不管你说什么我都相信，亲爱的"是支持型配偶（supportive spouse）的常见反应，另外一方则把这个反应当作对自己妄想观念的肯定，于是更加坚定这些观念了。

有时，我们会发现某对夫妇的关系模式复制了其父母的关系模式。这样的夫妇似乎进入了一张神经质的网，陷入了同样的关系模式，重复着某种强迫症。他们不想这样，却又无力摆脱。

在发展契约下：双方会在一定程度上了解各自被否认的那部分自我，并且希望双方能够更好地整合。伴侣关系成为个人成长的一个机会。双方都不想重复过去的错误，不愿重蹈父母的覆辙。想要一个全新开始的愿望决定了伴侣选择。

成为"假想"之人

心理学家海伦·多伊奇（Helen Deutsch）首次提出"假想人格"（as-if personality）概念。具有"假想"人格的个体给人留下的印象是不真实，让人摸不清其真实想法。尽管具有"假想"人格的人从表面上看似肤浅，但是他们与周围的人之间的关系似乎都很正常。然而，这些人还是有不一样的地方，他们的自我是虚假的，他们的情感几乎没有深度。有人也许会说："实际上，他们确实很肤浅。"每次听这种人讲话，我都有一种感觉，觉得他们就是电影中的人物，无法控制自己所演电影的剧情。他们把自己看作木偶，被无形的绳子操纵着。有时，他们自己都觉得虚伪，觉得自己是骗子，担心很快被人识破。

我所接触到的具有"假想"人格的人当中，女人多于男人。这种女人往往沉迷于短暂、时髦的恋情。怎么说呢？如果她们和画家恋爱，那么她们就只谈论艺术；当她们再去和商人恋爱，那么她们会对股票市场表现出极大的兴趣；当她们和商人分手之后找了一个外科医生，她们突然又对一切与医学有关的东西感兴趣。这一模式可以不断延续。我的一个来访者这样描述她的生活："老实说，我不是按照我自己想要的方式生活，我自己的需要似乎完全被排在了第二位。我怎么工作、怎么思考、怎么打扮，甚至我有哪些嗜好，这些似乎总是由我生活中的男人决定。我猜我一定有看他们脸色的天分，这让他们感觉良好。我知道怎样取悦他们，他们要什么，我就给什么。但是，有时我会感到窒息，好像自己完全没有自由。"

不过至少，这个女人还没有对自己完全失去掌控。她知道自己在做什么，她意识到这样演戏不会让自己和伴侣之间的关系维持多久，因为感情的双方应该是平等的。她想做些什么，她想改变自己的行为方式。要不是她想改变，那她就具有"假想"人格了。她就像肥皂剧里的女主角，过于依赖身边的男人，拱手让出决策权，让关系完全失衡。她陷入演戏的生活，无法自拔。尽管伴侣感兴趣的东西她不一定真的感兴趣，但是她善于隐藏自己的真实感受，以取悦伴侣。

除了"假想"人格因素外，男女不平等也是女性表现出"假想"行为、陷入泥沼的原因。女人在经济上依赖男人，是女人容易在两性关系中展现虚假自我的一个解释。跳起婚恋这场双人舞时，她们开始混淆自己与伴侣的自我。这些女人有意无意地希望：把自己的自我绑在伴侣的自我上，可以补偿她们的无权感（sense of powerlessness）、自我疏离感（self-alienation）以及内心分裂感（inner division）。她们幻想：通过这样做，她们可以获得权力、变得重要。为了实现这一点，她们把自己的理想自我投射到伴侣身上，让伴侣成为某种英雄。有时，她们过于依赖伴侣以至于她们不能告诉伴侣自己想去哪里吃什么，也不能决定自己穿什么、做什么。她们没有稳定的自我感，无法活出真正的自己，只能过空虚的生活，羞于把精力投入到个人成长以及自我实现当中。追根溯源，这种行为的原因在于早期母子关系——早期母子关系存在缺陷，不利于真正的个体化。

太多女人想成为成功男人背后的女人。她们不在乎失去自我，她们看任何事情都是从自己男人的角度去看，重申自己男人的观点，而不表达自己的任何看法。通过这种方式，她们成为依附于自己男人的大孩子，希望伴侣能为两人承担一切。她们退回到婴幼儿时期，像孩子依赖父母一样依赖自己的伴侣。在这个原始画面中，性还是存在的，不过其功用就是唤醒与他人融合的古老记忆。对某些人来说，性甚至还能抹去自我的边界，将分离不同个体之间的界限模糊化。

"总有一天，我的王子会出现"

沃尔特·迪士尼的电影《白雪公主》的结尾，英俊的王子骑着白马（必不可少的道具）来到公主身旁，用一个神奇的吻唤醒了受到诅咒的公主，然后带她离开了过去的一切苦难——包括她邪恶的继母、劳碌的生活、在森林里迷路后照顾七个小矮人的日子——暗示着他们从此过上了幸福的生活。他们会吗？

小时候，我们都在入睡之前听过这个精彩的童话故事。它让我们萌生了这样一个想法：只要我们足够虔诚，总有一天，命运女神会眷顾我们，让我们梦想成真。然而，尽管大多数童话故事都以"他们从此过上了幸福的生活"结尾，但是主角通常都来自一个破碎的家庭。童话故事通常以喜剧结尾，但是以悲剧开头：父亲或者母亲去世了，要么病重，要么失踪；通常有个恶毒的继父或者继母，男主角或者女主角受到极其残忍或者不公平的对待。

然后，爱情降临，两个人从此过上幸福的生活，不管他们以前的生活是多么悲惨。

建立在罗曼蒂克式爱情基础上的伴侣关系是个不错的概念，但是只要我们把神话般的理想人物形象投射到伴侣身上，并且要求他们像童话故事所讲的那样——让我们从此过上幸福的生活，那么我们就决不会把他们仅仅当作人类去真正地爱。自恋型客体选择（narcissistic object choice）当然会走向幻灭，并把我们带入非常原始的领地。从象征意义上说，这种选择基于古老的向往感。西格蒙德·弗洛伊德把这种关系看作企图回到个体发展的共生阶段（symbiotic stage），在共生阶段，孩子的自我还未分化出来，它和母亲之间的界限还很模糊。但是，人类发展的目标就是摆脱原始欲望。执着于此只会导致失望。

也许最好不要寻找"如意郎君"；也许应该学会认可"不错郎君"或者"够格郎君"，并与他们幸福地生活在一起。通过联体结对来沉迷于倒退的儿童状态，或者逃避对孤独的恐惧，只能导致灾难。只有两个人都愿意也都能够保持自我，他们之间的关系才能运行。有效的伴侣关系需要健全的人格，以应对任何关系都会经历的风风雨雨。浪漫固然是个好东西，但是伴侣关系需要超越浪漫的想象。稳定的关系需要双方不仅看到彼此积极的一面，还要看到彼此消极的一面，并且接纳彼此的缺陷和弱点。毕竟，正是不完美让我们成其为人。罗曼蒂克式的爱情能够永驻当然很好，但是，毕竟大家都是凡夫俗子，要食人间烟火，离不开柴米油盐酱醋茶。伴侣们不该指望互相依赖，也不该回到联体结对的状态。乐于发现对方与自己不一样的地方，学会处理两人之间的不同之处，才能构筑良好的伴侣关系。健康的伴侣关系意味着最大限度地帮助对方成长到为自己负责的自主个体，不互相纠缠或陷入某种感应性精神病状态，不逃避生活。

第4章 性心理

至于自己婚姻长久的秘诀，他说："我的妻子告诉我，如果哪天我决定离开，她也会跟着我。"

约翰·邦·乔维，美国摇滚乐手

如果丈夫和妻子明白他们有着相同的立场，那么婚姻会更美好。

吉格·金克拉，销售大师

丈夫们就像是火，稍不留意，他们就会烧起来。

莎莎·嘉宝

从进化心理学、发展心理学以及精神分析心理学中，我们了解到，男人和女人的想法是不一样的。引用性学家希瑞·海蒂（Shire Hite）的话，就是"太多男人似乎仍然认为——这种想法相当天真、相当自我中心——他们觉得好的东西，女人自然也会觉得好"。进化过程中，求偶游戏为男人和女人设置了不同的规则，想当然地认为男人和女人想法一样就会导致矛盾。正如女演员贝蒂·米德勒（Bette Midler）所指出的那样："如果性是无师自通的，为什么有那么多书教人如何处理两性关系？"市面上每年都有大量婚恋教科书出版，这说明在两性关系上，男人和女人是有区别的。

我曾经听过一个笑话，在这里和大家分享一下。

一个男人沿着海滩散步，被一个瓶子绊了下脚。他拾起瓶子，拔掉瓶塞，瓶子里钻出一个妖怪。妖怪看着他，说："多谢你把我从瓶子里放了出来。按照老规矩，我应该满足你三个愿望。但是我赶时间，只能满足你一个愿望。说吧，你想要什么？"男人想了想说："我一直想去夏威夷，但是我有恐高症，不能坐飞机，而且我又晕船。你能架一座通往夏威夷的桥吗？这样我就能开车去了。""什么！"妖怪咆哮道，"这不可能！拜托你动下脑子想想，支座怎样才能到达海底？我得需要多少水泥，多少钢筋啊？这个愿望太烂了，再想一个！""好吧。"男人使劲想着，希望想出一个真正美好的愿望。

最后，男人说："这么着吧，你看，我结过四次婚，也离了四次婚。四任妻子都说我对她们不够关心，说我不理解她们，说我迟钝。我实在不想再这么浑浑噩噩下去了。我想知道女人的内心感受，我想知道女人对我沉默时脑子里在想什么，我想知道女人为什么哭泣，我想知道女人什么也不说时到底想要什么，我想知道怎样让女人真正幸福。"妖怪崩溃地看着男人，然后说："那什么，你的桥，是要两个车道还是四个车道？"

正如笑话所表明的那样，在两性关系方面，男人和女人之间的误解是在所难免的。男人满足性欲之后总想拍拍屁股走人，而女人则希望得到男人的承诺。记者凯瑟琳·怀特霍恩（Katherine Whitehorn）一再重申这一不同点，她说："现实生活中，女人总是把性和其他东西联系在一起，比如宗教、小孩、金钱等等。而男人只要纯粹的性，不要任何羁绊。"当然，不是所有的男人，也不是所有的女人对性都持有同样的看法，在性的问题上，还是有很多个体差异的。

尽管男人受着自私基因的驱使，觉得花心比专一更有意思，但男人还是认为，传宗接代非常重要，延续基因的愿望抵消了一夜情的诱惑。男人之所以专一，是因为在父母双方的共同呵护下，孩子更有可能健康成长，自己的基因被延续的可能性因此更大。

普遍存在，形式多样

性驱力普遍存在，但并非只有一个模式。性是生物的，而性爱和情爱却是文化的。性欲有很多种唤醒方式和表达方式，性行为涵盖的范围也很广，从霸王硬上弓到传情达意，到制造情调等等。

人类的性具有多样化的特点。多数人认为生殖器是我们唯一的性感区，但是正如我们当中有些人在自己身上所发现的那样，身体的每个部位都可以成为性感区。我们的身体有很多高度敏感的部位，这些部位都可以变成性感区。例如嘴巴，它用于表达口欲、满足口欲，可是其功能又不局限于此，有很多方式可以让嘴巴成为性感区，比如具有性意味的亲吻或者口交；然后是抚摸，我们所有人都对抚摸敏感。一位女性执行官曾经告诉我："我的身体没有哪个部位像我的耳朵那样敏感，耳朵一定是我的性感区。男人抚摸我的耳朵，会让我兴奋得发晕。"她的话说明：在成长过程中，受社会文化环境的影响，我们内化了一整套引燃性欲和表达性欲的意象模式。

性心态的各种差异

为了确保繁殖成功率，进化有一套自己的规则。自古以来，男人在性方面就比女人主动。这是进化的馈赠，但也是很多夫妻的困扰。以下情形很普遍：通常，沉迷于性爱一段时间之后，男人和女人都会抱怨伴侣的性需求，男人要得多，女人要得少。最常见的拒绝借口是"精力不足"，而有了孩子、柯立芝效应、上了年纪等等，都是"精力不足"的原因。伴侣性吸引力下降时，男性比女性更敏感。

一般说来，性挫折对男性的打击比对女性更大。男人和女人都有很多理由拒绝伴侣的求欢——需要时间照看宝宝、睡眠不足、加班、心情不好、过去的创伤性经验、没有时间在一起——但是不管理由多么正当，缺乏性生活都会造成极大的挫败感，特别是对于性欲较强的一方来说。性生活很重要，因为性欲的变化也是夫妻在其他方面有多和谐的指示器。

追根究底，是因为男人和女人对性有不同的看法。认为性欲的目标就是性活动的男人显著多于女人，认为性欲的目标是爱、感情亲密的女人则显著多于男人。"男人和女人聊天是为了上床，女人和男人上床是为了聊天"，这一说法可能有点玩世不恭，但却道出了实情。男人和女人对性的看法如此不同，再加上大家都自以为是地认为别人和自己的想法一样，这就无怪乎男人和女人会陷入麻烦。男人抱怨伴侣性冷淡，女人抱怨伴侣不够温柔体贴，男人女人都抱怨曾经的浓情蜜意烟消云散了。特别是女人，枯燥乏味的性生活会让她们性趣索然。

大量的调查研究证实，相当一部分女人在生命中很长一段时期内相当缺乏性趣。澳大利亚性治疗师贝蒂娜·阿恩特（Bettina Arndt）以自己为例，描述了很多女人都会面临的困扰："我记得有了第一个孩子之后，我十分纳闷怎么会有哪个女人在一大堆奶瓶、尿布、压力和疲倦之下，还有心思做爱。我想那段时期，我和丈夫应该至少是做过几次的……可是说真的，我一点印象都没有了。也许当时我在打瞌睡吧，谁知道呢。"你有没有听过女人们讲述，她们使用各种花招避免与丈夫或者男友做爱？很多妻子只是太累了，忙于照顾孩子，因此无暇顾及丈夫的性需求。有研究分别调查男人和女人，让他们将消遣活动按照所带来的快乐感从大到小排序。结果，男人将做爱排在首位，女人的答案则依次是编织、园艺、购物和看电视。有一个黄色笑话是这么说的："我的妻子是性爱对象——每次我要求做爱，她都会拒绝。"①

---

① 英文原文为"My wife is a sex object——every time I ask for sex，she objects！"，这是一个双关语笑话，英文的"object"既有"对象"的含义，也有"拒绝"的含义。——译者注

　　脑成像研究显示，看到色情图片时，男人和女人的反应十分不同。值得注意的是，男人杏仁核的活跃水平显著高于女人，杏仁核是与强烈情绪——比如恐惧、愤怒——有关的脑区。通常，男人的性欲不仅比女人强，而且比女人稳定，女人的性欲更具波动性。按照某些研究的说法，每月只有处于"发情期"时，女人的性欲才会像男人那样强。同其他任何时间相比，排卵期前后这几天，她们更可能出现性幻想，更可能手淫，更可能主动向伴侣求欢，更可能穿上挑逗的衣服，更可能光顾单身酒吧。但是这并非意味着，在怀孕几率最大的几天之外她们不可以做爱。然而，女性在发情期性趣更强具有更大的进化学意义。相比之下，男人的性欲则没有什么波动。除了这些具体的因素外，还有其他因素决定性欲强度，比如经验、文化和环境。

　　另外，男人和女人性幻想的频率和内容也迥然不同。已经有研究表明，男人性幻想的次数是女人的两倍。男人连睡觉时也比女人更可能梦到性，他们的梦境可以非常生动，色情的意味很浓厚，生理满足是主要目的，女人只是发泄性欲的对象。女人的性梦则更为个性化，感情占更大的成分。

　　同男人相比，女人的性欲体验，变异性大很多、可预测性小很多。有些女人甚至声称她们从未体验过性欲，不知道性欲到底为何物。然而，另外一些女人则是有性欲体验的，但即使是这些女人，她们性欲的强度及持久性也比不上男人，和男人不在一个水平上。而且，特别是结婚几十年后，女人几乎没有自发的性冲动。她们即使有性冲动，也是反应性的，是对伴侣挑逗的回应，是先有性兴奋后有性欲望，而不是反过来先有性欲望后有性兴奋。

SEX, MONEY,
HAPPINESS, AND DEATH
性、金钱、幸福与死亡

除非夫妻双方能找到方法修复关系，否则性心态的这些差异会导致分手或者婚外情。女人最容易发生婚外情的时期是在生育期结束之际，这也许是由于她们有意无意地希望在生育力丧失以前更换伴侣。男人，更可能无爱而性——妓女在世界范围内广泛存在，就可以说明这一点——一贯地更可能卷入婚外性。不忠的常见理由是厌倦、伴侣的身体不再那么有吸引力。可以预期的是，在这些情况下，婚外性会取代婚内性。

男人容易把爱与亲密需求误以为性需求，这说明男人难以和吸引自己的女人只做朋友，性的因素始终存在。男人弄不清女人的真实意图时，就认为女人要的是性。男人的这一误解，加上女人喜爱卖弄风骚的倾向，可以调制成一杯易挥发的鸡尾酒，让人飘飘然。霸王硬上弓容易变异成性侵犯甚至强奸。男人低估了性侵犯对女人造成的伤害。误解彼此的性信号，在一定程度上解释了为什么多数女人曾经遭到性侵犯，也能在一定程度上解释为什么男人经常无法理解强奸案的受害者（认为她们活该）。

当然，所有这些研究都禁不住要提出一个问题：男人是否愿意实行一夫一妻制？男人似乎天生花心，这是一种本能，他们难以抗拒。根据进化心理学家的说法（正如我早先提过的那样），男人天性地要找尽可能多的女人播种。尽管男人一直受到这种本能的驱使，但是社会教导他们，盲目屈从本能会造成严重后果。演员约翰·巴里摩尔（John Barrymore）曾经说过："性是用最少的时间带来最大的麻烦。"

性与时光流逝

幽默是潜意识的窗户，有很多流行笑话调侃上年纪这回事，反映出很多人都怕老。"当幸运对你来说意味着在停车场找到自己的车时，就说明你老了。""我现在这个年纪，做爱还不如吃东西呢。"随着年纪越来越老，男人和女人越来越像，在性欲强度方面就是如此。尽管人到了很老的时候仍然会有性幻想和性念头，但是随着年纪的增长，性幻想和性念头的出现频次会逐渐越少（尤其是男人）。很多生理医素可以解释男女性欲随年龄变化的情况。男人和女人体内的血清睾酮水平都会随着年龄的增长而下降，在25~50 岁之间下降 50%。但是，在任何一个年龄阶段，男人的血清睾酮水平都是同龄女人的 10~20 倍。停经也会让女人性欲下降，因为停经之后，雌激素分泌显著减少，随之而来的是很多常见的、有时令人不舒服的症状。健康问题，包括心理问题，比如抑郁，也会影响性欲和性功能，有些药物会显著影响性欲。

通常，健康和生理因素又和心理因素纠结在一起。对女人而言，造成性欲下降的因素还有人际关系问题、伴侣的表现、权力斗争、对伴侣深怀恨意等等。例如，如果伴侣的浪漫情怀荡然无存，从不带她出去，从不感激她做了一顿好饭，做完爱后就倒在一旁呼呼大睡，女人就不会再有性趣。

家教甚严造成的性保守，以往经历过的性创伤，也会影响性关系。有过性虐待史的男人和女人，可能因为难以充分信任伴侣而难以在性生活中放松和兴奋起来。性生活缺乏还有更实际的原因，比如没有时间单独相处。当伴侣双方工作都很忙、压力都很大，因而不重视性生活时，性亲密也会减少。很多双职工夫妇告诉我说，如果工作有要求，性就得靠边站。

有些女人在生了孩子之后完全没有性欲。疲倦、焦虑、抑郁是其中的一个原因。有些女人的精力完全被刚出生的宝宝占据了，情感需要和生理需要都能从宝宝那里获得满足，几乎没有时间与伴侣相处，也没有什么性冲动。再次，我们能在进化心理学里找到解释。旧石器时代，母亲把大部分精力放到新生婴儿身上，对人类的生存具有十分重要的意义。避免性生活也可以有效避免再次怀孕，这样有利于母亲产后恢复身体，而且新生婴儿不用那么快就和另外一个兄弟姐妹分享母亲。

多少性才够

有人喜欢糖果，有人喜欢踢足球。如果某人告诉我他／她打算再也不吃糖果或者再也不踢足球的话，那随他／她的便好了。尽管我两样都喜欢，但是我不会把他／她的这个决定当回事，并挖掘其背后深层次的心理原因。但是，性是另外一回事。如果还是那个人告诉我他／她从没做过爱，而且也从不打算做爱的话，我就会担心了。我会揣测他／她为什么会这样，我会尝试弄清背后可能存在什么问题。我甚至可能直接表达我的关心，告诉他／她缺乏性趣是件古怪的事，可能意味着出了问题。我甚至还会建议他／她去看看精神病医师或者心理治疗师。不过，如果这个人告诉我他／她的精力完全被性占据、一直想着性、一天需要做好几次，我也会同样担心。我会怀疑这种行为是否正常，我会认为

他 / 她是性瘾者。再一次地，我可能建议他 / 她去看看精神病医师或者心理治疗师。

性欲低下

正如我已经指出的那样，很多因素都会让人不想做爱，我们都有性致阑珊的时候。通常，和伴侣度过一段浪漫时光、说说情话、看看性爱录像，就会让人的性欲恢复到正常水平。但是有些人不一样，不管受到什么样的刺激，他们就是没有性趣。但是，性欲低下——我从治疗经验里了解到的——是人们难以启齿的话题。当你做出最大努力，而伴侣还是没有性趣时，你会觉得非常迷惑、非常困扰。这个话题非常尴尬，很多人会觉得羞耻难当。

因此，很多有性障碍的人不愿向人求助。别人甚至意识不到他们有问题。他们从来不会对性特别感兴趣，似乎总是觉得两性关系中的其他事情更加重要。然而，如果夫妻之间性生活不和谐——一方性冷淡或者性欲消退——生活的其他方面也会受到影响。如果缺乏指导，他们可能会处理不好这个问题，破坏夫妻关系。

我辅导过一个执行官，她是一个非常成功的企业家，工作能力非常强，也很有魅力。她已婚，有三个可爱的孩子。她的丈夫开了一家私人股本公司，也看起来非常有魅力、非常体贴。这对夫妻一起参加各种聚会、去世界各国度假、组织好玩的派对。然而，他们的关系却陷入僵局。用她的话说就是："不久之后，他变得好像不需要任何性爱。他会一连几个月都不碰我。最终，我习惯了没有性爱的生活。"

多少性爱才算少呢？有什么评价尺度吗？有时，当伴侣中有一方抱怨性生活不够时，问题可能是因为他 / 她本人性欲过强。性欲下降是一回事，但是没有丝毫性趣完全是另外一回事。男人通常会遇到勃起障碍，女人则不同，她们最大的性问题由心理因素和生理因素共同引起，治疗起来也不是单单通过药物，比如伟哥。实际上，某些研究宣称，43% 的女人以及 31% 的男人说他们遇到过这方面的问题。

专家认为，性生活没有每日最低次数要求。经典研究《美国人的性生活》（*Sex in America*），是美国迄今为止最大的一项性调查（随机挑选了 3 000 多个成年人，分别对他们进行了长达 90 分钟的访谈，调查结果写作成书并于 1994 年出版）。报告中说，1/3 接受调查的夫妻每年只做过几次爱。性学家金赛最近的一项报告说，26% 的未婚男人和 24% 的未婚女人在过去的一年中只做过几次爱，而过去的一年中只做过几次爱的已婚男人和已婚女人的比例分别为 13% 和 12%。尽管研究报告的是性生活频次，而不是性欲，但这些夫妻当中很可能有一方在遭受性欲减退（hypoactive sexual desire disorder，HSDD）的折磨。

据估计，大约 20% 的人患有这一障碍，主要是女人。HSDD 被定义为，一直或者经常缺少（甚至没有）性幻想、性念头以及性欲，或者在性活动中缺乏甚至没有感受，而导致个人困扰。HSDD 的症状包括性厌恶（sexual aversion）、性压抑（inhibited sexual desire）、性冷淡（sexual apathy），甚至厌性症（sexual anorexia）。患有 HSDD 的人性欲低下，性趣乏乏，表现为不会主动求欢、对伴侣的求欢无动于衷，其中很多人缺少甚至完全没有性幻想。许多人对这一障碍并不在意，但是，当它造成明显的痛苦或者破坏夫妻关系时，就该就诊了。

另外一个主要障碍是性厌恶障碍（sexual aversion disorder）。患有这一障碍的人对与伴侣的性接触怀有一种持续的或者反复出现的病态厌恶心理，而导致个人困扰。所厌恶的性接触范围可能很窄，也可能很宽。比方说，有些人对任何与性有关的活动——包括接吻和抚摸——都很厌恶（甚至出现惊恐反应）。这会造成极大的痛苦，影响两性关系。

还有很多类似的障碍，包括女性性唤醒障碍（female sexual arousal disorder），男性勃起障碍（male erectle disorder），女性和男性高潮障碍（orgasmic disorder），早泄（premature ejaculation）以及性交疼痛障碍（sexual pain disorder）等等，所有这些都需要予以关注并寻求专业帮助。

越来越多的临床文献将性欲低下和性虐待联系起来。童年时期受过猥亵的成年人声称，他们最常见的反应就是压抑，这也许是他们 / 她们性欲低下的原因。遭受性虐待的女人比男人多得多，性压抑的女人所占比例也比男人高得多。伴侣的粗暴无礼可能勾起她们对早期创伤体验的回忆，她们就会拒绝；而她们越拒绝，伴侣越粗暴，如此进入一个恶性循环。

性欲亢进

性欲减退（hyposexuality）指几乎没有什么性需求，而性欲亢进（hypersexuality）则指性需求过多。性是充实生活自然的一部分，但是，如果我们索求无度，总是想着性事，那么我们的工作就会受到影响，与伴侣之间的关系也会遭到破坏，我们可能陷入麻烦。

性欲亢进很难评定，因为多少才算多呢？怎样才算索求无度呢？这些问题没有令人满意的答案。人类的性欲有很大的个体差异，对某人来说的正常需求量，在其他人看来可能过高也可能过低。男人经常为性欲设定一个标准，但是这没有什么用。许多男人把性欲亢进看作男子气概的表现，别人把他们称作唐璜①或者卡萨诺瓦时，他们并不觉得受到了侮辱。然而，女人不喜欢此类标签，视之为淫荡指控。男人经常夸大与之发生过性关系的女人的数量，女人则倾向于少报，这很有意思。

性欲亢进，或者色情狂，说的是性欲永远得不到满足。从临床的角度来说，性欲亢进的人，性行为频次远远高于正常水平，因为他们需要经常接受性刺激，这种需要超过了正常范围而且无法控制。性欲亢进是一种非常痛苦的强迫症状，性欲亢进的人总是想与不同的人性交，性交过程没有多少快感，也没有感情投入。女性患者经常体验不到高潮。性欲亢进造成困扰或者影响到生活的其他方面时，就成病了。

性欲亢进有些具体的症状，包括强迫性手淫、强迫性嫖妓，与不同的人发生一夜情，与男／女朋友或者丈夫／妻子之外的多个男人／女人发生性关系，经常光顾色情场所，习惯性地露阴，习惯性地窥阴，性骚扰、性虐待儿童，以及强奸。意淫、卖淫、恋童、受虐狂、恋物、兽交以及变装癖也属于性成瘾，其中有些是

---

① Don Givanni，是西班牙家喻户晓的一名传奇人物，以英俊潇洒及风流著称，一生中周旋于无数贵族妇女之间，在文学作品中多被用作"情圣"的代名词。——编者注

违法的，有些是变态的。实际上，以上所列举的行为，只表现出其中任何一种，还构不成性成瘾。

当然，有的人被贴上性成瘾的标签，仅仅是因为他 / 她比贴标签的人在性方面更活跃，或者是因为他 / 她的做爱方式不为贴标签的人所理解。性欲亢进的人并不是指性生活比你频繁的人，即使在临床学上，性欲亢进的症状与诊断标准仍被争论不休。

过去，因为人们一直认为女人的性欲没有男人强，所以很多医生都以为性欲亢进只见于男人，而似乎任何喜欢性爱的女人都可能被医生或者其他人诊断为女性色情狂，特别是当她的性欲强于其男伴时。性欲强的女人，背后遭人耻笑，自己也会烦恼不已。相比之下，很少有人埋怨男人性欲过强。性欲是否正常的标准把握在丈夫手里：如果一个女人比其丈夫的性欲弱，她就是性冷淡；如果一个女人比其丈夫的性欲强，她就是色情狂。某些男人认为，性需求旺盛的女人隐藏着某种危险，唤醒了他们对神话传说中阴道长牙的原始恐惧。

历史上，医生们也认为女性色情狂比男性色情狂严重，造成的后果也更为恶劣。女性色情狂的归宿不外乎妓院或者精神病院，而男性色情狂则可以顺顺利利度过一生，只要他能适度控制一下自己的欲望。女演员琼·里弗斯（Joan Rivers）曾经说过："男人可以和不同的女人睡觉，没人会问东问西；如果女人和不同的男人睡觉，很多人就会指指点点。"

人们很少将性成瘾和其他具有破坏作用的成瘾行为放在一起看待，比如酒瘾、毒瘾和烟瘾。实际上，通常人们根本不把性成瘾当作上瘾行为或者行为障碍。性欲亢进是"淫荡"、"乱交"、"纵欲"或者"好色"。社会上没有与戒毒所对等的"戒性所"，人们认为，戒毒是恢复，禁欲则是另外一种行为异常。

性欲亢进者沉迷于性的原因，不一定非得从临床上去判断。压力越大，人的性欲越强，这是老生常谈，因为做爱是绝佳的放松方式，放松过后，人就舒服了。另一方面，最主要的一个原因可能是无法控制冲动，而这又可能是由脑损伤或疾病引起的，比如某种癫痫病或者阿尔茨海默病[①]。有的专家认为，某些心理疾病或者神经疾病也会造成性欲亢进，比如双向情感障碍[②]或者痴呆（dementia）。患有双向情感障碍的人，在躁狂阶段表现出性欲亢进。他们的性欲可能超级旺盛，也可能十分低下，依心情而定。有时他们的性活动频次远高于正常水平，有时又远低于正常水平。

性欲亢奋可能还有更深层的心理原因。有些人只是性开放，而性欲亢奋的人对性则是欲罢不能，而且意识不到自己在做什么。他们控制不住地一次又一次发生性关系，背后的原因一般是因为他们有过有性虐史。这种情况下，我们可以推测，这些人在重演创伤体验，即潜意识地一次又一次地用另外一种形式重演曾经发生在自己身上的悲剧。他们控制不住地重演创伤体验，企图给自己疗伤，但是徒劳无功。这种重演也是一种令人费解的沟通形式。但是性行为只是机械活动，和做爱不是一回事。性欲亢进者可能混淆了性行为和人与人之间的亲密及互相依赖，以为性行为可以等价为建设性的亲密关系。

---

① Alzheimer's disease，是一种进行性发展的致死性神经退行性疾病，临床表现为认知和记忆功能不断恶化，日常生活能力进行性减退，并有各种神经精神症状和行为障碍。——编者注
② bipolar disorder，又称"狂躁抑郁症"，是情感性精神病的一种，病发时有狂躁和抑郁两种情感轮流替换。——编者注

在莫扎特的歌剧《唐璜》中，唐璜的仆人波雷诺尽力安慰埃尔维拉（唐璜的一个战利品），在著名的咏叹调《花之歌》中，抖搂出唐璜的情人名单。搞笑的是，他急切地报出唐璜在哪个国家分别有多少个情人：意大利 640 人，德国 231 人，法国 100 人，土耳其 91 人，而西班牙有 1 003 人。把这些数字加在一起，再考虑到当时的交通多么不发达，我们就会明白：唐璜一定要累死了。他把所有的精力都用来引诱女人，没有时间干别的事情了。

这些唐璜（或者说女性杀手）的行为具有自慰作用。他们从来得不到满足，一直处于亢奋状态。起初，他们的行为似乎只是为了缓解压力、抑郁、焦虑或者孤独，但是很快他们就进入一种强迫状态。沉迷于性的代价很大，不仅在经济上——如果经常嫖妓或者进行电话性爱的话——而且会在其他方面造成灾难后果，例如，丢掉工作（工作场合进行性骚扰，或者上班时间登录色情网站），破坏人际关系或者患上性传播疾病。

性战场

有一句老话说："要想留住男人，女人必须在厅堂像贵妇，在厨房像贤妇，在床上像荡妇。"模特兼演员杰里·霍尔（Jerry Hall）回忆说，她的母亲就经常这样教导她。面对母亲的唠叨，她的回答是："我负责床上的部分，另外两个角色雇人分担。"不幸的是，床有时会变成战场。正如性学家威廉姆·马斯特（William Masters）指出的那样："床上解决不了的事，在厅堂里也解决不了。"

性让很多夫妻走到一起，没有性，或者把性当作献身，则有可能让他们分手。正如我们早先看到的那样，当伴侣中一方的性欲明显弱于另外一方时，就会出现问题。性成为矛盾摩擦的源头，可能对两性关系造成负面影响。性欲较低的一方可能觉得伴侣在胁迫自己做不喜欢做的事情，继而心生反感、愤怒不已，性欲也会进一步下降。相比之下，性欲较强的一方则会觉得伴侣不爱自己，感到权利被剥夺，心生沮丧，结果，他们会更加频繁地要求做爱，性欲更加旺盛，使另一方更加反感。结果，性成了斗争，从双赢游戏变成了零和游戏，而两性关系则是输家。

作家 G.K. 切斯特顿（G.K.Chesterton）曾经说过："结婚是场冒险，就像去打仗一样。"一幅常见的图景是：失望、愤怒的妻子数落求欢的丈夫不懂感情，要求丈夫多用点情。男人似乎只对两性关系中的性感兴趣。有些男人求欢时可能很粗暴，甚至到了婚内强奸的地步。因为他们不知道女人是多么痛恨性侵犯（sexual aggression），所以他们只会让女人离他们越来越远。不知道男女性态度有所不同，会进一步加剧两性之间的性冲突。难怪弗洛伊德称女人的心为"黑暗大陆"。

性侵犯和反抗可以成为两性关系的一大主题，引来无数场战争。有些夫妻之间的战争会持续好多年，让他们的关系染上虐恋（sadomasochistic）色调。一方要性，一方要情；一方索要，一方拒绝；一方攻，一方守；一方进，一方退。这种戏码不断上演，会严重破坏夫妻关系。它让夫妻难以真正投入感情，没有对话，只有程序化的活动。一旦建立这种模式，一点鸡毛蒜皮的小事也能引起一场大战，比如碗要刷、床要铺、垃圾要倒、狗要遛、孩子要管、财要理等等。然而，我们每天处理的其实是分化与连接、安全与信任、权力与无权、接纳还是拒绝某人的风险的问题。攻守进退的循环往复，会伤害夫妻双方的自尊，让丈夫觉得自己不像个男人、妻子觉得自己不像个女人。于是双方只会互相憎恨。男人觉得自己对妻子没有吸引力，只有通过乞求、讨好才能让妻子赏脸和自己做爱。而女人呢，则觉得自己在受虐、被侵犯，没有被当作一个有血有肉有感情的人，而只是被当作一个泄欲工具。

剧作家兼哲学家歌德曾经说过："有时夫妻之间的争吵是很必要的，因为通过争吵，他们更加了解彼此了。"然而，如果床成了战场，有些夫妇就会陷入虐恋的怪圈。爱德华·阿尔比（Edward Albee）的剧作《灵欲春宵》（*Who's Afraid of Virginia Woolf*）就生动地表现了这一场景。剧作把我们带到一对夫妇的婚姻战场，见识了这对夫妇的相互厮杀，他们的厮杀方式有两种：彼此憎恨，因此无法接受对方的爱；放大对方的缺点，作为指控对方没有当好救世主的罪证。他们之间的交锋——被一对年轻的夫妇看在眼里——让罗曼蒂克式的爱情荡然无存。理所当然地，我们可以推测，他们之间应该早就没有性生活了。

觉得性生活索然无味的女人会拒绝男人的求欢，她们要是没有认识到——性是男人的生理需求，并且不会因为被拒绝而消失的话，就会陷入麻烦。从男人的角度来看，伴侣不愿满足自己的生理需要，就是给自己出难题：要么痛苦地忍受没有性福的婚姻，要么想其他办法满足自己。最常见的方法就是发展婚外恋，这会导致夫妻过上同床异梦、貌合神离的日子。

我的意思并不是说夫妻之间的性斗争责任在女方。许多女人也乐于做爱，如果她们的伴侣技巧够好又足够耐心体贴的话。有时，无性婚姻也可以跟那些能自由表达性爱的婚姻一样幸福、一样美满。然而，尽管性生活不和谐不一定让两人公开争吵，但是也无助于增强两人的互相依赖感。无性婚姻不一定以痛苦的争吵收场，但是也可能让两人的生活沦落到只谈生活琐事的状态。T.S.艾略特的诗《J.阿尔弗瑞德·普鲁弗洛克的情歌》很好地诠释了这一状态："我用咖啡匙子量走了我的生命。"[①] 拒斥性本能，不可避免地让生活变得死气沉沉。

治疗的问题

"性福感"是衡量婚姻生活整体幸福感的指示器。尽管性和性生活不是两性关系的全部内容和全部目的，但是如果不能恰当表达性欲，两性关系会受到严重影响。性生活不和谐不至于威胁生命，但是会影响婚姻生活的其他方面，还会伤害伴侣各自的自尊，甚至影响到各自的工作。

幸运的是，有很多方法可处理这一问题，包括心理治疗、性治疗、行为治疗、婚姻或两性关系咨询。治疗师通常会评估来访者以下几方面的情况：性自我（sexual identity）（例如，他/她对性持有什么信念和态度）；影响关系的因素，比如亲密和依恋；沟通风格、应对风格；整体情绪健康状况。治疗内容可能包括：如何提高性反应、传授性技巧，如何增强与伴侣之间的亲密感，推荐

---

① 这是艾略特早期诗作中的名言。意在描摹某些习惯的恶毒，不啻于民众的鸦片。——编者注

相关读物或者让夫妇一起做一些练习。练习可能包括讨论（以及试验）彼此的性偏好，探索彼此的性幻想。

美满的性生活需要自信、摆脱焦虑、心理及身体刺激，能够专注于性幻想和性行为。如果其中任何一个条件不具备的话，性生活就会遭到破坏；如果其中一个或更多条件长期不具备的话，就会出现长期的性功能问题。

自信——知道你的床上功夫了得，知道你的伴侣认为你具有性吸引力并且尊重你的性欲——非常关键。没有什么比伴侣的轻蔑态度更能打击一个人的自信了，自信受打击，人就会焦虑，时不时地性无能了。性无能然后变成一个自我实现预言，也就是担心自己在床上的表现（女人一般担心自己无法兴奋起来，而男人一般担心自己无法勃起或者早泄），越担心，就越表现不好，越表现不好，就越担心，如此进入一个恶性循环。

列夫·托尔斯泰曾经说过："婚姻幸福的秘诀不在于你们有多和谐，而是在于你们怎样处理不和谐。"从某种意义上说，美满的性生活意味着一次又一次地爱上同一个人。你拥有哪种两性关系，很大程度上取决于你是哪种人。如果你本人快乐而且适应良好，你很可能拥有良好的两性关系。如果你对自己的处境心存不满并且觉得痛苦不堪，那么你只有先改变自己的心态，才能从此过上幸福的生活。正如我在本篇中所强调的那样，从此过上幸福的生活需要两个人寻找让彼此都满意的性爱方式。

第 5 章　性欲与创造力

想象力是创造的源头，你想象你想要的；你下决心做你想象的；最后，你会实现你下决心做的事情。

乔治·萧伯纳，爱尔兰剧作家

每一次创造都始于破坏。

巴伯罗·毕加索，西班牙画家

创造就是将不满升华成艺术。

埃里克·霍弗，美国作家

性和创造之所以被统治者看作颠覆性的活动，是因为它们让你明白你的身体是你自己的（你能用自己的身体说出自己的声音），这是最具革命性的见解了。

埃里卡·琼，美国诗人、小说家

我们的性欲可能过强，或者过弱。但是，不管欲望有多强或者有多弱，我们可以将传递基因给后代的过程看作生命表达其生存意志的典型方式。是我们的进化本能让我们想在死后留下自己的印记，是我们的"自私基因"让我们希望永生，性行为是重建生命、延续生命的象征。

除了通过孩子延续自己的生命之外，人类一直在寻找其他方式获得永生。（我将在第 4 篇——死亡之我思——中详细讨论这个话题）。为了获得永生，一个非常有吸引力的策略就是创造。创造通常意味着带来新的东西，并期待创作品比创造者活得更长久。引用心理治疗大师罗洛·梅（Rollo May）的话，就是"创造不是天真烂漫的少年儿童的专利，成年人也可以创造。成年人的生命激情，那种超越死亡的生命激情，就是一种创造"。

创造意味着变化和转变。创造就要打破已有模式，换个角度看问题。看着一条毛毛虫，你觉得它可能变成一只蝴蝶吗？弗里德里希·尼采说："先有混乱的灵魂，才能催生舞动的星辰。"变化意味着突破障碍，放弃旧的、面对新的，探索无人敢去的未知领域，这是需要勇气的。讽刺诗人乔纳森·斯威夫特曾经这样评论一个具有创造力的人："他是敢于第一个吃牡蛎的人。"表现创造力的途径有很多，艺术、科学、哲学是显而易见的途径，而性欲——表现为各种形式——则可以成为创造力的重要源泉。

自从艺术家开始创造艺术以来，就有以性为主题的作品。古文明的艺术充满了情色气息，早期的艺术作品中，性和人体主题随处可见，比如拉姆遗址的维纳斯（Venus of Berekhat Ram）（大约公元前 233000 年）和坦坦的维纳斯（Venus of Tan-Tan）（公元前500000年~公元前300000年）。情色艺术是历史上最早的艺术题材，而性被看作人类日常生活的一个基本部分。通过这种创作活动，我们的祖先得以刻画欲望——要不然就被埋没了——展现人类两性关系的方方面面：诱惑、吸引、沉沦、自我毁灭、自我发展。

精神分析学家一直认为，性欲是很多创作品的基石。西格蒙德·弗洛伊德在他的《对于两种心智功能原则的看法》（*Formulations on the Two Principles of Mental Functioning*）一文中，评论道："艺术家首先是个脱离现实的人，因为他无法放弃本能满足（instinctual satisfaction），而活在现实世界首先就要放弃这一点；艺术家也是一个让自己的情色愿望、非分欲望在幻想世界自由驰骋的人。然而，他也有办法从幻想世界回到现实世界，即运用他独特的天赋把他的幻想印刻在某种现实之物上，制成艺术品。人们很珍视这种艺术品，认为它们反映了现实。"

在此，我要提醒一下，讨论性欲和创造力的关系时，我们需要当心陷入还原论①的陷阱。性欲是创造的重要动力，但并不是说其他生理和发育因素以及人格，对创造就没有影响。尽管在真正的创作性表达中，性欲多半起到核心作用，但是还有很多其他因素需要加以考虑。

---

① reductionistic，是一种哲学思想，认为复杂的系统、事务、现象可以通过将其化解为各部分之组合的方法，加以理解和描述。——编者注

第一件创造品：乳房崇拜

为了理解创造活动，我们需要认识一种心理冲突，这种心理冲突源于我们内心世界的原始本能和外在世界的规范限制之间的摩擦，自我们的婴儿时代开始，贯穿我们的一生。乳房崇拜——饥饿的婴儿口欲受挫的副产品——可以看作原型艺术品，即其他艺术品的前身。儿童心理学家认为乳房崇拜是心理发展的第一个构念[①]，是婴儿的第一个（想象中的）心理活动。尽管它是前语言活动（preverbal activity），但是对这一梦幻般活动的记忆会保留下去并——在之后的生命阶段——转化成某种创造活动。

正常情况下，在成长过程中，任何人都会自然而然地对性感到好奇。"我来自哪里"是个永不过时的问题。很小的时候，我们就想解开这个谜语。我们会奇怪父母关着门时在做什么。我们迷上了"原始场景"——由孩子观察、构建、幻想出的一幕有关父母性关系的原始场景。考虑到孩子有限的理解力，这幕原始场景可以解释为暴力、侵犯的原始形式，或者说是对身体完整性（body integrity）的挑战。尽管这幕原始场景可能很模糊，但是也会让人产生性兴奋。它能开启想象空间，激发艺术灵感。对年轻人来说，与原始场景有关的禁忌感——性是要遮遮掩掩的——只能增加性的神秘感，令人更加感兴趣。原始场景的隐喻将成为创造活动的一个重要组织者和规划者，这样，艺术创造之地也变成了某种原始场景。在原始场景隐喻的驱动下，富有创造力的人会

---

① construct，表示一群个别事物的共同特征之想法或名称，在行为科学界尤指抽象的特质。——编者注

用一种艺术的方式去做不得不做的事情，从中发现自身存在的叙事学。

富有创造力的人的警报

尽管性欲和创造力的关系一直很密切，但不是所有富有创造力的人的性态度都是一样的。有些人过于放纵，而另外一些人则坚决禁欲。对于后者来说，禁欲会催生很高的创造力。

尽管存在这些特例，但是普通大众往往认为艺术家类型的人——不愿受世俗约束的人——性欲更强、做爱更多。当然，这种看法可能成为自我实现预言，即富有创造力的人别无选择，只有遵照这些期望。他们甚至是因为能够获得更多性快感，而走上艺术道路。

但是，这种想法有几分想象、几分现实呢？富有创造力的人真的做爱更多吗？是因为他们性欲更强，还是因为他们比平常人拥有更多的做爱机会？富有创造力的人更有吸引力吗？如果是的，为什么呢？因为人们认为他们更多情吗？在这个问题上，进化心理学家可能又会搬出达尔文的一套理论。

一个解释是，自石器时代开始，具有艺术气质的人更能吸引异性与之交配。全世界的人在恋爱求欢时，都会说很多情话，这些甜言蜜语是很好的催情剂。我们的远古祖先，是否有些人比另外一些人更善于表达自己，不管是用语言还是用某种艺术方式？"来看看我的版画"，这一邀请是否带有原始的诱惑？与人搭讪或者引人注意的本领，是否可以看作人类进化的固有一面呢？是富有创造力的人喜欢招蜂引蝶？还是艺术能力是某种用于求爱的炫耀之物进化而来的？

不管哪种观点更具有进化学意义上的真实性，但有一点是确定的——富有创造力的人充满魅力，因此能得到更多的关注。这让我们进一步提出另一轮"鸡生蛋还是蛋生鸡"的问题。谁在先，性欲还是创造力？受到公众关注的人物同我们这些创造力较低的普通人相比，拥有更多的性爱机会。富有创造力的人一般过着放浪形骸的生活，一有机会，他们随时可以与人发生性关系，释放性冲动。他们的伴侣也许并不指望他们忠诚专一，社会对富有创造力的人的性行为也更宽容。

当然，大众不光崇拜富有创造力的人，还崇拜那些了不起的人——伟大的运动员、发明家、演讲家、演员，甚至魔术师。我们的推测有多少事实依据呢？富有创造力的人的性生活真的比我们其他人更加狂野吗？也许他们只是将自己的性生活描述得更好而已。尽管也许他们的思想很开放，对性爱寄予很高的期望，有非常出格的性体验，但是效果怎么样，谁也不知道，毕竟说得好做得差的情况是很常见的。

放荡的生活

历史上，我们一直把艺术家的放荡生活与滥交联系起来，这不仅仅是因为，在他们的作品里经常出现露骨的性主题。彩绘、素描、雕塑、行为艺术、电影以及其他艺术媒介，一直在为性欲的表达提供机会。情色艺术是性幻想最直接的创造性表现，反映了生活真实的一面。艺术史上，画有穿着清凉的女人、揽镜自照的女人或者被捆绑住的女人的作品屡见不鲜。有些性化艺术主题（sexualized art themes），比如强奸、兽交，很容易被误以为是色情（pornography），有些人甚至认为同性恋都算色情。这种主题能引起性联想，激发想象力。这些艺术品，很多都抓住了一种体验的精髓，这种体验就是感到社会宏大背景下个人存在的巨大意义。

西方艺术家，从米开朗琪罗到梅普尔索普①，都有意无意地触及性主题，而他们的作品令所有人动容。这是颠扑不破的真理，从旧石器时代艺术品中神圣与情色的融合，到波提切利的《维纳斯的诞生》中淡淡的情色意味，再到 19 世纪象征主义艺术中的残酷与爱殇意象，我们就能明白这一真理。艺术可以作为社会的晴雨表，它对社会生活形态的变迁反应迅速。而且，这些艺术家还往往处于推动社会变革的第一线。曾经基于庄严的宗教主题及神话主题的艺术（那时，性主题只能以伪装现身）现在越来越贴近日常现实了。画家们开始更加公开地颂扬私生活的变迁，包括性欲和性表达。

爱德华·马奈 1863 年的作品，裸体妓女画像《奥林匹亚》，现在被看作通过宣扬色情反抗日常生活压抑本质的经典艺术作品。《奥林匹亚》第一次在巴黎展出时，激起了观众的愤怒和批评，最初展览此画的画廊不得不雇了两个警察保护它。马奈的第二幅画——《草地上的午餐》，于同年完成，也受到了大致相同的待遇。这幅作品尺寸更大、更具挑逗性，画的是衣冠楚楚的绅士和全裸的女子一起在户外野餐，因此遭到了无情的批判。有意无意

---

① Mapplethorpe，美国摄影家。——编者注

的，马奈的两幅画公然挑衅了法国传统的绘画观点，以及社会对女人的伪善态度。《奥林匹亚》的性感让人不得不把她看作一个真正的女人，而不是圣人或者神话中的女神。观众反响强烈，说明马奈达到了目的，唤醒了观众的性欲或者愤怒。

很多艺术家转向原始主义（primitivism），认为非西方社会在本质上是一样的，都是非理性的，都贴近自然，都崇尚暴力和神秘主义，而且，最为重要的是——都崇尚性自由，并用一种朴素的手法表达这一信念。这些艺术家，尤其是毕加索，试图通过强迫观众认识体内的原始冲动，来动摇欧洲社会的传统道德观。保罗·高更的塔希提绘画，伊戈尔·斯特拉文斯基早期的音乐作品（例如《春之祭》），是原始主义艺术的另外两个重要代表。

但是，这些艺术家不仅用作品表达性欲，而且用行动表达。许多伟大的画家和摄影师与他们的模特儿有染，这是一个众所周知的秘密。和自己的模特儿做爱是很多伟大画家的共同嗜好。尤其是皮埃尔·奥古斯特·雷诺瓦 [1]，他毫不掩饰地用艺术创作表达性欲："我用阴茎作画。"巴伯罗·毕加索沉迷于情色艺术，他说："艺术绝不贞洁。纯情之人不该接触艺术，没有做好足够准备的人也不该接触艺术。是的，艺术很危险。贞洁的东西，就不是艺术。"他的艺术，性和情色意味很浓（作品主题包括性暴力、窥阴癖，卖淫以及阳痿），表现了他的多情和异常丰富多彩的性生活（交织着私通、不忠和激情）。他的画风的转变与他的情史有着密切联系，他一生"阅"女无数，每换一位情人，画风就有所转变。他对女人最有名的评论是"女人不是女神就是脚底泥"，这句话让

---

[1]　Pierre-Auguste Renoir，法国经典印象派画家。——编者注

男女平等主义者非常厌恶他，但是女人们却心甘情愿地接受这两个角色，因为他的魅力是如此传奇。他 87 岁时（1968 年 5 月 ~10 月之间），创作了 347 幅性主题的画作（名为 Suite 347）。90 岁高龄时，这位艺术家埋怨说："年纪大了，我不得不戒性戒烟，但是我对性和烟的渴望仍然存在。"

擅长画裸体的阿米地奥·莫迪里阿尼[1]，是有名的花花公子，非常好色，不断与模特儿闹绯闻。和毕加索及其他伟大的现代派艺术家一样，他在巴黎过着放荡的生活，喝酒、玩女人，一直到死。他是本色艺术家，酩酊大醉、夸夸其谈、吸食毒品，无所不为。自 1906 年来到巴黎，到 1920 年于 35 岁死于结核性脑膜炎，他一直流连于画室、沙龙、酒吧和情人之间。他去世后，一个怀有其骨肉的情人自杀了。

古斯塔夫·克里姆特[2]也不是性爱白痴，他说自己需要风流韵事激起绘画灵感。很多女人拜倒在他的极度魅力之下。他的画室堪比皇帝的后宫，从早到晚都有一丝不挂的女人走来走去。克里姆特和他的各种模特儿生有 15 个私生子。与此同时，在太平洋上，高更一直与当地的女人厮混，最后死于梅毒。以画妓女和妓院出名的亨利·德·图卢兹劳特雷克[3]也是死于酒精中毒和纵欲过度。

雕刻大师奥古斯特·罗丹早期的素描作品，展现出一种近乎色情的性感和情色意味。在大西洋的彼岸，美国艺术家格鲁吉亚·奥基夫（Georgia O'Keeffe，一个女人，比前面提到的艺术

---

[1] Amedeo Modigliani，意大利著名画家。——编者注
[2] Gustav Klimt，奥地利知名象征主义画家。——编者注
[3] Henri de Toulouse-Lautrec，法国画家及视觉艺术家。——编者注

家们要晚出生一代）超越了当代性规范，不仅让阿尔弗雷德·斯蒂戈雷兹[1]给她拍摄十分性感的照片，而且自愿与斯蒂戈雷兹公开同居而不结婚（在那时看来，这种行为是大逆不道的）。

许多音乐家也是无耻的浪荡子。弗兰兹·李斯特有着数不清的风流韵事，惊世骇俗。他就是卡萨诺瓦那样的人，喜欢向女人诌媚，和谁都有一腿，从伯爵夫人到公主，到天真年轻的崇拜者。费利克斯·门德尔松说李斯特"时而表现得像个大淫棍，时而表现得像个翩翩君子"。

作曲家理查德·瓦格纳最亲近的朋友说，理查德·瓦格纳随便到哪个地方旅游，就会开始一段新恋情，而且还习惯爱上别人的老婆。另外一位作曲家，贾科莫·普西尼，曾经把自己描述成"善于捕获野味、歌剧歌词，以及迷人女子的猎人"。他一生风流韵事不断。较近的一个例子是伦纳德·伯恩斯坦，他男女通吃。按照他女儿的说法，因为他要保持"中产阶级的敏感性"，所以没有过上彻底的同性恋生活。

在文学界，半色情作品里也有很多露骨的性描写，比如薄伽丘 1353 年的《十日谈》，约翰·克莱兰 1748 年的《芬妮·希尔》，萨德侯爵 1785 年的《索多玛 120 天》，利奥波德·冯·扎赫尔·马索克 1870 年的《穿皮衣的维纳斯》，波利娜·雷阿日 1954 年的《O 娘的故事》。其他写过十足情色题材的更为主流的作家，包括奥诺雷·德·巴尔扎克、埃米尔·佐拉、维克多·雨果、詹姆斯·乔伊斯、D.H. 劳伦斯，以及弗拉基米尔·纳博科夫。我在这里只列举了很小一部分。

---

[1]　Alfred Stieglitz，著名摄影家。——编者注

　　这些作家之中，很多人不仅在作品里露骨地描写性，而且身体力行，过着丰富多彩的性生活。1824 年，罗德·拜伦去世之后的第三个星期，《泰晤士报》称他为"他那一代最非凡的英国人"，这种称呼本身就很非凡，因为《泰晤士报》这么说是指罗德·拜伦和任何能动的东西发生性关系，包括男孩、一些名女人，甚至和他同父异母的姐姐。歌德不像拜伦那么荒唐，但是也有很多情人，对性爱表现出非同一般的兴趣。在法国，女作家乔治·桑给自己取男名，穿男人的衣服，坚持认为自己和同时代的男作家是平等的。她和阿尔弗雷德·德·缪塞、佛朗茨·李斯特、弗雷德里克·肖邦以及古斯塔夫·福楼拜都有过恋爱关系，与女演员玛丽·多瓦尔（Marie Dorval）也有着亲密的友谊，外人谣传她们之间是同性恋关系，但是未经证实。

　　《巴黎圣母院》以及《悲惨世界》的作者维克多·雨果，似乎也是纵欲之人。他晚上只需要很少的睡眠，醒着时，就会和妻子缠绵，让妻子疲惫不堪。他也经常光顾妓院，70 多岁时有个 22 岁的女友。他的性生活一直很活跃，直到去世。

　　出生于法国的作家阿娜伊丝·尼恩（Anaïs Nin），因其性爱日记而出名。她真实生动地描写性，还写女性自我（很久之后，性和女性自我才成为"女人的话题"）。她出名的地方还有两点，一是很多名人都是她的情人，包括亨利·米勒、埃德蒙·威尔逊、戈尔·维达尔，以及奥托·兰德①。二是她的情色作品，比如 1978 年的《激情维纳斯》。欧内斯特·海明威的生活丰富多彩，拳击、斗牛、远征狩猎、深海捕鱼、酒吧狂欢，还打过仗，这些

①　Otto Rank，奥地利心理学家。——编者注

大家都知道。其实，他的性经历也很出名，1920~1961 年之间，他结过四次婚，搞过无数次外遇。

作家乔治·西默农让人津津乐道之处不仅在于其畅销的侦探小说，还在于其超强的性欲。他说他一天需要做三次爱，睡过 10 000 个女人，其中 8 000 个是妓女。后来，他的第二任妻子修正了他的说法，估计了一个更实际的数字，大概是 1 200 人。这个数字还在不断增长。

学者、知识分子以及政治家，他们不像艺术家们那样开放，但也绝不是性爱菜鸟。阿尔伯特·爱因斯坦对漂亮的女人没有抵抗力，这已不是什么秘密。他和很多女人有过情感纠葛，生过不止一个私生子。经济学家约翰·梅纳德·凯恩斯，性生活非常频繁。自 1906 年开始，他把自己的性交次数、手淫次数以及梦遗次数记录下来，从中可以看出，性和统计也许能给他带来同样多的快感。他和很多年轻男子也有一腿。哲学家伯特兰·罗素结过两次婚，有过无数次外遇，给情人写下无数封情书。他同情女性，主张男女平等，曾经写道："婚姻里的女人所忍受的强迫性爱，也许比妓女所忍受的还要多。"另外一个哲学家让·保罗·萨特，自视为唐璜，不受过时的社会性道德的束缚，也不在乎什么忠诚。他和他的长期伴侣西蒙娜·德·波伏娃[①]一直不结婚也不打算结婚，而是保持另外一种更为自由的关系。

我说了这么多，不知道是否回答了最初提出的那个问题，超强的性欲是不是艺术创造必不可少的成功因子？恐怕这个问题还是没有答案。也许我们把自己的欲望投射到艺术家的身上，陷入

---

① 法国著名存在主义作家，女权运动的创始人之一。——编者注

刻板印象的陷阱。毕竟，当今色女的代表人物麦当娜说过："也许每个人都认为我非常好色、性欲超强，事实上，我宁愿看书也不愿做爱。"我们这个时代最伟大的发明家之一，史蒂夫·乔布斯①，这样调侃其性生活："做爱时，我女朋友总是笑——不管她在读什么。"对很多人而言，床永远只是睡觉的地方。

创造力和性欲之间到底是什么关系？让这一问题变得更为复杂的是，很多人对性生活都讳莫如深。很多传记作家都很困惑，要不要写主人公的性生活。也许，我们唯一能下的结论就是富有创造力的男人——不管其性取向如何（哲学家、画家以及作家中，同性恋所占比例非常高）——一直都很迷恋女性。进化心理学家也许会对这个现象感兴趣。

---

① 苹果电脑的创始人之一，苹果公司 CEO。——编者注

第6章 来自倭黑猩猩的启示

性是用最少的时间带来最大的麻烦。

约翰·巴里摩尔，著名演员

我不会向每个人推荐性、毒品和疯狂，但是这些东西对我一直很管用。

亨特·汤普森，美国传奇作家，Blog精神教父

无论你把性说成什么，它总归不是一种尊贵的表演。

海伦·劳伦森，作家

做爱要名正言顺，否则就是不检点。

伍迪·艾伦

"你所需要的只是爱。"披头士乐队唱道，他们也许很有道理。爱可以是两性之间很好的均衡器，但是尽管我们都在寻找爱或者

自认为已经找到了爱，爱却并不长久。离婚率一直居高不下。随
着更换伴侣成为常见现象，永久一夫一妻（permanent monogamy）
婚姻被系列一夫一妻（serial monogamy）婚姻替代。在我们这个后
工业社会，女人与男人越来越平等了。但是，这些变化对欲望和
性吸引带来了什么影响？我们可以对未来的两性关系做出何种预
测？生物遗传和社会进化之间的矛盾将会如何演化？

为了回答这些问题，我们可以观察一下倭黑猩猩的行为。倭
黑猩猩属于人亚科[①]，生活在中非丛林深处，和我们在遗传学上最
接近，有近98%的基因和我们是一样的。倭黑猩猩是我们共有的
远古祖先的活化石，它们的行为可以告诉我们，以男性为基础的
进化系统是多么不稳定。和现代智人不同的是，倭黑猩猩的社会
以雌性为中心，实行平等主义，性（而非攻击）被用作社会管理
的工具。倭黑猩猩是现存的最和平的灵长类物种，它们的口号很
可能是："做爱，不打架。"

倭黑猩猩经常做爱，对象并不固定，而且并不局限于异性之
间。据估计，倭黑猩猩75%的性行为和生殖没有任何关系。即使
雌性不可能怀孕，雄性和雌性之间也会互相进行性刺激。大多数
其他物种，只能在每年的特定时期交配——也就是在雌性发情的
时候，而倭黑猩猩之间，性是社会交换不可分割的部分。雌性倭
黑猩猩和人类女性一样，只要它们想要，任何时候都可以交配。

在倭黑猩猩的社会，性可以用于任何目的，从打招呼到劝架。
性可以用于获得权力、拉帮结派、表达亲密、交换食物、表达尊

---

① Homininae，是人科下的亚科，当中包括了人类及其已灭绝的亲属，以及大猩猩和
黑猩猩。它亦包含了所有的原始人类，如南方古猿。——编者注

重或者臣服，甚至偶尔用于传宗接代。雄性用性解决"猩际"冲突，雌性想被某个圈子接受、获得某种食物、向多个雄性寻求帮助时，也会运用性。

倭黑猩猩天生就是乱交的，不会像人类一样形成核心家庭或者长期的一夫一妻关系。抚养后代的责任完全落在雌性的肩膀上。正如我们知道的那样，现代智人的家庭生活意味着父亲要为家庭投入很多，这种家庭只有在父亲有理由确信，他们是在为自己而不是别的男人抚养后代的情况下才能形成。不幸的是，男人要求女人忠贞，就要付出惨重的代价，让自己变得嫉妒、好斗。男人主宰女人的历史模式之所以存在，这种性专一需要功不可没。考虑到现代智人社会结构不好的一面，我们可能会问，如果我们效仿倭黑猩猩，情况是否会更好？这是降低好斗性的可选方案吗？性可以创造一个男女真正平等的社会吗？同以往任何时候相比，现代社会的女人对自己的身体拥有了更多的自主权，以上问题就值得考虑了。

让两性更平等

随着社会的发展，最近两个世纪，特别是最近三代，男性和女性的角色有了很大的转变。避孕药的出现、节育术和其他技术的发展，给了女人更大的性自主权，意味着女人和男人做爱可以不一定以怀孕为目的。性不再是挑战死亡的游戏，因为难产死亡率大大降低了（尽管仍然需要顾及男人的嫉妒心）。接受教育、参加工作，让女人对自己的生活也有了更大的自主权。工作就能挣钱，有钱就有更大的自由和独立性。这些变化意味着女人不再甘心处于被支配的地位。她们想要真正的平等，而不是象征性的平等。

这种想法的后果不言自明。女人越来越独立，婚姻在社会中的地位就受到了影响。尽管婚姻（或者伴侣关系）仍然重要，但是人们不愿勉强维持不幸福的婚姻（或者伴侣关系）。离婚率大幅飙升。人们不再为了生活而结婚。

越来越多的女人进入劳动力市场，而且所处职位不一定是低级的。高管层中，女性所占比例比以往任何时候都大——尽管现状仍然有很大的改进空间。厌恶女人的人甚至很离谱地说，女人参加工作是婚姻不稳定的主要因素。不仅工作让女人拥有更大的经济自主权，而且工作场合很快成为最常见的外遇滋生地。工作场合成了新的不忠多发地带，男女一起工作似乎会让本身就有问题的婚姻加速灭亡。同她们不幸的祖辈相比，经济独立的女人更加不能容忍痛苦的婚姻。工作的女人，自己能够挣钱给自己花，当婚姻（或者伴侣关系）出现问题时，就更不可能继续勉强维持。

尽管女性主义者一直在呼吁平等，但是人类不是倭黑猩猩。男人和女人天生就和他们的猩猩近亲十分不同。我们实际上并不知道性本身能否给雌性倭黑猩猩带来满足，但是，我们确实知道，同男人相比，女人不那么迷恋性，从性中获得的快感也没有那么多。尽管人们预期妇女解放将颠倒性别角色，让人类回到自然的母系社会，但事实却截然不同。困扰男人和女人的性生活不和谐的问题，大多是遗传和社会的矛盾——先天和后天的冲突——协调不当的结果。

所以两性之间的斗争还会持续下去，性会继续充当男女矛盾最常见的催化剂。另外，现代智人理论认为男人想明确自己的父方身份，意味着男人要继续受到嫉妒心和好斗心的折磨，即使是在一个女人可以更加自由地与不同男人发生性关系，男人的生殖权利受到人工授精等生物技术威胁的社会。男人得学会接受男女平等这一思想，从父权制文化转向男女更加平等的文化。

格外有意思的是，如果男人能够修正自己对女人的态度，就会从命令—控制—割据式（command-control-compartmentalization）的领导风格，转向网络—辅导式（network-coaching）的领导风格，这样更有利于其开展工作。一般说来，女人的权力动机不如男人强，女人也没男人那么自恋，女人更加擅长处理工作和非工作之间的平衡问题。如果一个组织内的大多数人都能保持工作和非工作之间的平衡，那么这个组织会更人性化、更具创造力。

独立的依赖

一个人要想拥有爱的能力（不仅要爱上，而且要爱得持久），必须成功地度过童年早期的分离和个体化阶段（stages of separation and individuation），发展出自我感（sense of self），成为一个独立自主的人。要想关系持久，伴侣双方需要保持一定的独立性，清楚各自的自我，把"他人"看作一个自由的、自主的人。

没有安全的自我感，不能区分自我和他人，罗曼蒂克式的爱情就是白日梦，就像毒品一样，只能给人短暂的快感。亲密需要忍受分离，需要超越融为一体的自恋式的幻想。亲密意味着每个人必须能够将外部的、独立的爱情对象和内心的幻想区分开来，即不要把自己的理想自我投射到爱人身上。安东尼·德·圣·埃克苏佩里[①]写道："生活教会我们，爱不是两个人互相凝视对方，而是两个人看向外界同一个方向。"融为一体的幻想固然很好，但并非意味着我们得忘记外部世界，罗曼蒂克式的爱情不该以牺牲自我为代价。

相爱，意味着互相依赖又保持各自的自我。相爱，并非意味着我们要以同样的方式思考。只有互相爱着又有各自的空间，我们才能成长和发展。爱情无法在不平等的状态下茁壮成长。所有人都不该仅仅把别人当作满足性欲的工具，性只能是一个自主的个体赠给另外一个自主的个体的礼物。对我们某些人来说，建立并维持这种关系是一段发展体验，是最后的成长机会。

没有安全的自我感的个体，绝对无法忍受两性关系无法避免的矛盾状态：互相亲近又保持距离。成熟意味着能够将自我形象与他人形象区分开来。我们也许渴望融为一体，但是我们也想保持自我感与自主性。伴侣关系中的双方都需要各自的空间——既可以表达亲密需要，又可以保持一定的距离防止过于亲密。这就是有意义的两性关系——帮助对方成长为不逃避生活的有责任感的人。

让"联体结对"发挥作用

为了让"联体结对"的鸡尾酒更加令人飘飘然，伴侣之间还得照顾对方的自恋需要。他们应该把对方当作情绪容器

---

① 法国作家、飞行员，以其经典儿童小说《小王子》闻名于世。——编者注

（emotional container）。他们应该能够创造一种成熟的依赖关系，不在融合与分裂之间动摇。他们需要避免陷入重复过去伤害的不良交感状态（dysfunctional collusion）。他们要能改变。爱也许是种感受，但是两性关系需要经营。

两性关系稳定的一个重要因素是耳濡目染过成功的婚姻，比方说，在父母恩爱的家庭环境下长大。经历过父母离婚大战（或者目睹过父母不断离婚再婚）因而对婚姻没有好感的孩子，与父母之间的连接不够健康的孩子，长大后可能惧怕任何形式的亲密关系。太多人可以与别人发生性关系，但是无法爱上别人，无法与别人保持亲密感，无法在关系中体验到安全感。有些人也许因为过去的经验而变得不敢依赖别人。比方说，有过离婚史的男人可能对再婚感到迟疑，因为他们觉得所有的关系都不会有好的结局。从没结过婚的大龄男人，可能变得太过自恋，觉得难以和另外一个人互相迁就、共同生活。这些人应该走出自己的安乐窝，他们需要明白：他们可以选择继续囚禁自己的心灵，也可以选择做出改变。

比如，英国学者和作家 C.S. 刘易斯——大家最熟悉的可能是其《纳尼亚传奇》系列小说——就发生过这种蜕变。刘易斯近 60 岁的时候——那时他还是个单身汉——发表了自传《惊喜》，描述了自己的信仰历程。不久，他遇到了美国作家乔伊·格雷沙姆（Joy Gresham），这个事件让他早期的自传染上宿命色彩。他的哥哥回忆说："杰克（刘易斯的昵称）起初只是仰慕乔伊的才学，她是杰克遇到的唯一一个和他同样睿智的女人，她的韧性、她的兴趣广度、她的悟性以及她的幽默风趣，都和他不相上下。"刘易斯深深地爱着乔伊·格雷沙姆，但是，他们相遇之后没多久，她就被诊断出骨癌。尽管如此，他们还是结了婚，一起生活了短短几年，直到她于1960年去世。刘易斯随后发表了著作《卿卿如晤》，诉说着自己对亡妻的哀悼。

笑是拉近两个人距离的理想方式。幽默风趣不仅有助于应对日常生活中遇到的挫折，还有助于应对两个人一起变老过程中必须面对的残酷的存在现实。

最后的思考

婚姻和谐的人通常更健康，更少出现情绪问题，更不可能出现异常行为，其孩子在学校的表现也更优秀。另外，同两性关系不稳定的人相比，两性关系稳定的人性生活更频繁、更美满。

无爱之性只是机械运动，甚至会演变成侵犯行为。人类面临的挑战是找到分开性与攻击的建设性方法——倭黑猩猩是个极端的例子。考虑到进化赋予我们的秉性，这并不容易做到。强调这一点，就是挑战男性主宰的父系社会。但是，从亚当与夏娃的故事开始，宗教、法律和习俗都强调，女人之所以存在是为了取悦男人。男女平等，任重而道远。杰奎琳·肯尼迪[①]曾经说过："女人分两种，一种想成为世界的主宰者，一种想成为床上的主宰者。"我们面对的挑战就是超越这两种选择；我们面对的挑战就是争取长久的平等。

---

① 曾经是美国总统约翰·肯尼迪的夫人，1961~1963年美国的第一夫人，肯尼迪遇刺后她嫁给了希腊船王奥纳西斯。——编者注

19 世纪晚期的性革命（sexual revolution）不是为了解放性高潮，而是要解放对男性和女性持有双重标准的早期性道德观。造成性功能障碍的禁忌和规范是旧社会的余毒。人类刚从数世纪的性压抑中解放出来，自由地表达性欲没多久，就面临致命的艾滋病毒的威胁，因此，这是很具讽刺意味的。21 世纪的性史将交织着更强的自我表现（self-expression）和严格的自我约束（self-restraint）。能否做出明智的选择，取决于我们自己。

SEX, MONEY,
HAPPINESS, AND DEATH

第 2 篇
金钱之我思

第7章 贪欲之罪

我再次告诉你们："骆驼穿过针的眼，比财主进上帝之国还容易呢。"

《马太福音》19：24

钱嘛，说起来就像性，你没有的时候念兹在兹，有的时候心怀他念。

詹姆斯·鲍德温，美国心理学家

我只有一个要求——让我有机会证明钱无法让我快乐。

史派克·密拉根，喜剧演员

狗没有钱。狗一生一文不名，但还是度过了一生，神奇吧？你知道狗为什么没钱吗？因为它没有口袋。

杰里·宋飞，美国情景喜剧《宋飞传》主演

《碧血金沙》，是电影大师约翰·休斯顿于 1948 制作的一部经典电影，根据神秘作家 B. 特拉（B.Traven）的畅销书改编而成，讲述的是贪婪和金钱让人堕落的故事。电影一开始，流浪汉弗雷德·多布斯（Fred Dobbs，由亨弗莱·鲍嘉饰演）头脑发热，将身上最后的钱买了彩票。时间是 1925 年，地点是墨西哥的坦皮科（Tampico）。失业的多布斯苦着脸，一边伸手向任何他偶然撞见的人讨钱，一边咒骂着自己的霉运。多布斯与同是流浪汉的柯廷（Curtin，由提姆·霍尔特饰演）一起为一个无耻的包工头工作，这个包工头在当地声名狼藉，因为他"专门欺骗外国人和半吊子美国人"——这是导演在电影开头针对人性灰暗、贪婪的一面所给的几个特写镜头之一。另外一个类似的镜头是"满是老鼠、蝎子、蟑螂"的廉价旅馆。在那里，多布斯和柯廷遇见了一位名叫霍华德（Howard，由沃尔特·休斯顿饰演）的上了年纪的淘金者。霍华德语重心长地警告说，人若是屈服于金钱的诱惑，就会堕落，做出伤天害理的事情。尽管多布斯发誓说自己决不会因贪婪而堕落，但是观众可以看出，在现实生活中观察了人性几十年的霍华德并不相信多布斯的话。

多布斯和柯廷从黑心老板那里讨回工钱，将这些钱和多布斯的彩票意外中奖所得的奖金合在一起，置办了一套家什——驴子、淘金工具和枪——由霍华德带路，前往深山寻找金矿。多布斯发誓说，不管发现什么，三个人都有份。但是，霍华德并不相信，这种话他以前也听过。不久，三个人找到了富含金矿的地方，挖了几天，金子就开始往外冒了。很短时间内，他们就成了非常富有的人。

怀疑、贪婪、妄想紧随财富而至，攫住了多布斯，他老怀疑同伴们在背着自己搞什么阴谋。挖出金子后，三人按原先说好的方式分金子。但是多布斯变得越来越不理智，差点毁掉他们辛辛苦苦挣来的一切。随着淘出的金子越来越多，三个人的关系越来越差，电影最终以悲剧结尾，非常具有讽刺意味。

柯廷是个有理想的年轻人，不愿为了金钱扭曲自己的价值观。他固有的纯洁和多布斯的贪婪、财迷心窍形成了鲜明的对比。金子奴役了多布斯，让他打算从同伴们那里偷金子，因为他觉得他们也会这么做。多布斯同另外两个人的对抗越来越紧张，将剧情推向高潮。

多布斯谋杀柯廷未遂，独吞了所有金沙，结果遇上了墨西哥强盗。强盗盯上了多布斯重重的袋子，以为里面装着动物皮毛，于是杀了多布斯，抢走了袋子。他们打开袋子，结果发现只是一堆土（他们没看出里面富含金子）。于是强盗将金子撒向风中。电影的结尾，赶来的柯廷和霍华德正好看到金子被撒掉的这一幕。撒向风中的金子似乎给了他们一种解脱感。他们笑了，似乎庆幸自己经受住了考验，可以重新开始生活了，摆脱了金子施加在他们身上的痛苦的诅咒。

从很多方面来说，《碧血金沙》是一部道德剧，表现了金钱能在多大程度上腐蚀人的灵魂。像受到诅咒似的，多布斯逃脱不了宿命。最后，主要人物回到最初开始的地方，思索着征服他们的黑暗力量。

休斯顿的电影出色地表现了贪婪的腐蚀作用，以及追求财富的固有危险。对我们很多人而言，金钱触及了我们存在的核心，我们会不断地想到金钱。尽管确实有些人真的不关心金钱，但是我们往往会怀疑那些说自己不爱钱的人在假扮清高，认为当他们说自己唾弃财富时他们只说了一半的事实：他们唾弃的是别人的财富。换句话说，他们只是吃不着葡萄说葡萄酸罢了。

只要有了足够的钱，我们就很容易说"钱不是一切"。不幸的是，我们确实是越有钱就越贪婪。哲学家阿瑟·叔本华曾经一针见血地指出："财富就像海水，喝得越多，渴得越厉害。"《碧血金沙》里面的多布斯就是这样的：再多金子也不满足。然而，我们大多数人会在生命的某个时刻意识到，生命中真正的财富就是生命本身。"生不带来、死不带去"也许是陈词滥调，但也是颠扑不破的真理。真的有人想成为坟墓里最富有的人吗？

于是，我们面临一个难题：尽管安于贫穷并不值得推崇，但是要想生活得富有、满足，光有钱是不够的。倾听过许多执行官诉说他们的故事后，我意识到财富也能给人带来特有的烦恼。很多情况下，是金钱奴役了人，而不是人驾驭金钱。很多人发现，变得富有后，他们的生活满意度不但没有提高，反而降低了。

财富疲劳综合征的一个案例

作为一个精神分析师、心理治疗师以及管理咨询顾问，我见过很多富有得不再知道怎样让自己快乐的人。他们很无聊，而且我发现，觉得无聊的人不仅看别人不顺眼，而且看自己也不顺眼。幸运的是，他们可以从亨利·基辛格 [1] 的名言里找到安慰："做名人有个好处，当你看别人不顺眼的时候，别人会认为是自己的错。"

无聊最好的解药就是好奇。尽管把商店里能买来的玩具都买回来了，这些人仍然觉得不舒服，这就是所谓的财富疲劳综合征（wealth fatigue syndrome）；尽管腰缠万贯，尽管要什么就有什么，但是强迫性的、炫耀性的消费似乎并不能慰藉他们空虚的心灵。他们的财富以及用财富买来的东西，并不能增强他们的幸福感。相反，引用哲学家弗朗西斯·培根的话说，"金钱是最好的仆人，也是最坏的主人"。强迫性地追求物质就是宣扬"拥有"高于"存在"，就是混淆——在广告业的推波助澜下——欲求和需求。

从那些富有但不快乐的执行官身上，我发现"即刻拥有一切"绝对不够。房子、游艇、飞机、汽车、美貌……似乎没有什么能驱走烦恼和不满的幽灵。获得只能暂时缓解烦恼和不满。这些人通过收入、财产、外表、名气来定义自己的生命，但是所有这一切让他们比以前什么也没有时更痛苦了。忍受着财富疲劳综合征的折磨，他们越来越难找到快乐。他们不断寻求更大的刺激。

俄罗斯亿万富翁罗曼·阿布拉莫维奇（Roman Abramovich）似乎表现出很多财富疲劳综合征的症状。对阿布拉莫维奇来说，生活开始变得没有盼头。他 18 个月大时，母亲去世了；几年后，父亲死于建筑事故；他后来被伯父收养，在西伯利亚长大。按照家族合约，他进入石油业。在莫斯科的古布金石油与天然气学院

---

[1]　美国犹太人外交家、政治家，1973 年诺贝尔和平奖获得者，曾任美国国务卿。——编者注

读书期间，他就开始挣钱了（事后看来，这相当难以置信），他把自己小公寓里的塑料鸭子卖了。卖塑料鸭子只是牛刀小试，阿布拉莫维奇天生是个商人，而且在恰当的地点遇到了恰当的时机。那时苏联解体，俄罗斯迈出向自由市场经济转变的第一步，在俄罗斯第一任总统鲍里斯·叶利钦任职期间，一群金融寡头聚敛了巨额的个人财富，阿布拉莫维奇就是其中一个。

阿布拉莫维奇开始变成超级富豪是在 20 世纪 90 年代，那时他和其他一些金融寡头利用了俄罗斯国有财产私有化的契机。1995 年，阿布拉莫维奇中得头彩，与鲍里斯·别列佐夫斯基①通力合作，取得了一家大型石油公司——西伯利亚石油公司——的控股权。当时，很多人批评埋怨说招标程序不合法，西伯利亚石油公司的价值要比那两个家伙所出的价钱高出数亿卢布。不管事实到底如何，反正这笔生意让阿布拉莫维奇变得极其富有。

有些患有财富疲劳综合征的人挣的钱不够自己花，另外一些则拥有几辈子都花不完的财富。阿布拉莫维奇属于后者。有些暴富的人喜欢大手大脚地花钱，养成一些烧钱的嗜好，比如买下足球俱乐部或者棒球俱乐部。阿布拉莫维奇就是这么做的，他买下了切尔西足球俱乐部（英国足球超级联盟的一支一流球队），投入巨资提升其排名。但是即使这样做，他还是觉得不够快乐。阿布拉莫维奇已经买了两架波音飞机，几架直升机（有些是隔音的，方便他在飞行途中看 DVD），他所持有的国际房地产投资组合是世界上大多数富豪只能在梦中拥有的。现在，他又有了新的嗜好：收集游轮。多少艘游轮才算够呢？即使已经拥有世界上最大的三

---

① 俄罗斯金融寡头之一。——编者注

艘私人游轮，他还嫌不够，另外又弄了几艘只是长出几米的。在人数寥寥的亿万富翁圈子内，游轮大小很重要，而超大游轮是终极地位的象征。阿布拉莫维奇之所以在"我的比你的大"的诡异游戏中树立新标杆，这个理由已经足够了。他的游轮"日食号"（Eclipse），造于 2007 年，带有特别装备，包括一个可同时停两架直升机的停机坪和一艘小型潜水艇。"日食号"长 525 英尺，是世界上最大的私人船只，比某些海军护航舰都大。尽管在个人财富排名上，阿布拉莫维奇不是第一，位于比尔·盖茨和拉里·埃利森[1]等超级富豪之后，但是在游轮界，没人能比得上他——他越来越庞大的舰队无人能敌。看看他把游轮停在什么地方吧：地中海、加勒比海、巴拿马海以及太平洋上，都有他的游轮。

游轮的大小是一回事，但女人完全是另外一回事。阿布拉莫维奇起初给人的印象是个真正顾家的男人，他经常花时间陪伴妻子和五个孩子。根据名人杂志的说法，他和第二任妻子伊琳（Irina）好像什么都有：房子、魅力以及金钱。他们似乎过着平静的生活，这种生活和他小时候在苏联所过的陈旧、单调、暗淡的生活大不相同。

然而，阿布拉莫维奇的平静生活并没有维持多久，就像昙花一现的童话。尽管他对这段平静生活很上心，但最终还是与妻子离了婚，找了一个年轻很多的女人。他的第一任妻子，奥尔加（Olga），在接受英国《每日邮报》（*Daily Mail*）采访时，这样评价他们的分手："罗曼也许能买下全世界，但是无法买到长久的爱情和幸福。我担心他因为太过富有而绝不会幸福，他总是想要更

---

[1] 甲骨文公司 CEO。——编者注

多。尽管他很有钱，他还是需要一再确保自己仍然强壮、有男子气概。于是，正如经常发生的那样，他就找一个比妻子年轻很多的漂亮女孩来证明自己。"然而，收集女人可比收集游轮要烧钱得多。阿布拉莫维奇在莫斯科"闪电式"离婚，支付了巨额分手费，堪称世界上最昂贵的离婚了。

阿布拉莫维奇也许是财富疲劳综合征的极端例子，但是尽管如此，不可否认的是，金钱对我们所有人都有影响，不管我们有多富有或者有多贫穷。金钱在我们的生活中占有重要地位，决定我们的视野，主导我们的很多选择。

我们所处的世界崇尚个人主义、鼓励竞争，没有钱将寸步难行。我们所有人都需要钱以满足起码的生存需要，我们所有人都需要钱以满足更高级的发展需要。但是，如果我们想忠实于自己并保持心理健康，那么我们需要用符合我们主观幸福感（subjective feelings of well-being）及价值信念系统的方式挣钱和花钱。如果不是的话，就会适得其反，金钱会让我们付出过多的代价。

第 8 章　金钱背后的故事

每当我们就要做到收支平衡时，就会发现不知哪里又多出一笔开销。

　　　　　　　　　　赫伯特·克拉克·胡佛，美国第 31 任总统

唯一能让你挣钱的一点就是，你知道大亨们要怎么做。

　　　　　　　　　　　　　　亨弗莱·鲍嘉，美国影星

我每天早上起床都要看一遍福布斯富翁排行榜，如果上面没有我的名字，我就去上班。

　　　　　　　　　　　　罗伯特·奥尔本，美国幽默作家

在这花上几千亿，在那再花上几千亿，很快你就会谈论美元短期内将面临切实的风险了。

　　　　　　　　埃弗里特·德克森，美国共和党前参议员

潘多拉魔盒

金钱，可以用十分奢侈的方式拿来炫耀，就像罗曼·阿布拉莫维奇一样；也可以默默地影响我们生活的方方面面，譬如人际关系、工作以及作决定的方式。然而，很多人低估了金钱对他们生活的影响。当我问那些执行官为什么如此卖力地工作时，常见的回答是："我想让你知道，我每周工作50、60甚至70小时，并不是为了钱。"当我追问他们到底是为什么努力工作时，会得到这样的答案："我喜欢挑战"，或者"我想改变行业的性质"，或者更有戏剧性的是"我想改变世界，让它变得更好"。很少有人承认自己爱钱的；我怀疑，明目张胆地说自己爱钱，就像明目张胆地说自己对性感兴趣一样。

但是，在我们继续讨论之前，先问问你自己，你是怎么看待金钱的？你认为金钱有多重要？你会谈论金钱吗？或者是避而不谈？对某些人来说，直白地谈论金钱是犯忌的，询问他们有关金钱的事，就像询问他们的性生活细节一样，会让他们觉得不舒服。你的家人们是怎样谈论金钱的？在有些家庭里，金钱不是话题，从来不会被谈及。在另外一些家庭里，金钱是权力、影响力以及地位的有力象征。

很小的时候，我们就有金钱的概念了，我们处理金钱的方式很大程度上取决于我们的父母是如何处理金钱的。金钱对我们的父母来说意味着什么？金钱在家庭里被公开地讨论过吗？还是金钱是矛盾的源头——讳莫如深？金钱的问题就像一片阴影笼罩着家庭吗？金钱的问题影响到家庭氛围了吗？金钱对你内心剧场的脚本（script in one's inner theater）有着怎样的影响？

　　我们内心剧场的脚本是根据深层的动机需求系统起草的。动机需求系统是我们与生俱来的一部分，对我们的行为有着重要的影响。这些动机系统自我们的婴儿时代开始起作用，贯穿我们的一生（尽管会随着年龄、学习及成熟度而有所变化）。动机需求系统是我们行为的驱动力，是我们生命的燃料。

　　人类具有基本的动机需求，比如生理需求、性需求、依恋需求以及探索需求等等，这些动机需求与生俱来，自人一出生就开始起作用。根据发展心理学家的说法，追求金钱并不属于基本的动机需求。但是，这并非意味着金钱不会影响我们的生活。尽管金钱开始起作用的时间较晚——从我们好几岁时才开始——但是随着我们年龄的增长，金钱会成为一个主要的动机因素。对我们很多人而言，它具有巨大的象征作用。

　　在孩子的成长过程中，金钱的象征作用越来越大。很明显，孩子认识金钱最快也是最普遍的方式就是缺钱。成长过程中越缺钱（不管是事实如此还是感觉如此），长大之后就越看重钱。由父母一方病重或者死亡、父母分居或者离婚造成的严重经济困难，会对人产生很大影响，这种影响会伴随人的一生。

　　我们对性的看法会随着年龄的增长而改变（这值得庆幸），但是对金钱的看法则是另外一回事。根据眼前生活实际调整自己对金钱的旧有看法，是成长过程的一部分。个人发展面临的一个挑战就是，重拾自己和金钱有关的经历，并把这些经历和我们生命中的其他重大事件放在一起反思。处理金钱的问题时，你经历过哪些挑战？你能回忆起一些因金钱引起的尴尬事件吗？你经历过没钱的潦倒吗？你是否假装过不在乎钱？这些自我探索式的问题能帮助我们更好地理解金钱在我们生活中的作用。

通过这个练习，你也许会发现，金钱背后有很多辛酸的故事。对某些人来说，需要挣钱是种创伤体验：金钱让人发脾气，引发严重的冲突，让我们忽视其他东西，让我们超支，让我们背负债务，对我们的家庭生活造成长期影响。为什么会有这么多辛酸的故事？为什么说到钱，我们有那么大的情绪反应？

我们对金钱以及金钱象征意义的信念，很大程度上由我们的父母塑造而成。金钱成了家庭内部的情绪货币（emotional currency）。父母处理金钱的方式影响了我们对金钱的看法。谁有零花钱，谁没有？分钱时，公平吗？这些与金钱有关的交往互动能激起强烈的情绪反应，比如羡慕、害怕、希望、憎恨、欣喜，尤其是厌恶。金钱之所以有那么大的象征意义，也和这些情绪反应有关。

对金钱的看法具有遗传性。长辈和晚辈的交流过程中，会传递有关金钱意味着什么的信息，这些信息汇聚成一套有关金钱的信念、期望和守则，在家庭内部一代一代地传下去。这套信念、期望和守则也受文化的影响。每种文化都有一套有关金钱的信念，"骆驼穿过针的眼，比财主进上帝之国还容易呢"、"省一分就是赚一分"之类的谚语，表明了各种文化对金钱的看法。神话、传说以及童话中，处处可见金钱的影子：富有的王子拯救了漂亮的女人，从此过上幸福的生活。这些故事的内容，不管是完全虚构的还是根据实事改编的，不管父母以哪种方式阐述给孩子，都会影响我们对金钱的态度。

金钱的象征意义

金钱本身是毫无意义的，比如，在荒岛上，金钱就没有什么作用。我们只能结合一定的社会背景谈论金钱，因为只有在一定的社会背景下金钱才具有交换价值。但是，在一定的社会背景下，金钱除了具有购买潜力外，还具有重要的象征作用。金钱可能象征着脱离苦海、逃离灰色存在、摆脱家庭束缚、通往独立及安全之路、战胜无助、权力、逃离辛苦劳作、悠闲、实现自我价值，以及爱情。但它到底象征着什么，取决于个人成长经历。对我们大多数人来说，金钱象征着一切。

要想知道金钱对人们来说到底意味着什么，有一个方法就是倾听他们的故事。他们身上发生了什么有关金钱的故事？这些故事对他们有多大的影响？另外一个方法是看他们做什么样的梦。和其他很多东西一样，金钱对我们现实生活的意义会反映在我们的梦中。在梦里，金钱往往表现为对我们最重要的东西，并非仅仅是现金。有关金钱的梦往往也是有关权力、控制、依赖、能力、被爱，甚至性爱的梦。

我们能在梦里丢钱、得钱、给钱或者花钱。梦到找钱，可能意味着我们渴望爱或者权力。梦到丢钱，可能象征着遭遇挫折，象征着我们觉得脆弱、易受伤害甚至失控，或者象征着我们缺乏抱负、权力或自尊。很多人梦到钱，只是因为想钱、缺钱或者花钱无节制。最后一种情况常出现于那些负债累累的人身上。

既然日有所思夜有所梦，那么重要的是，如果我们想正确地解梦，就要将梦的内容与最近发生的事件联系起来。梦醒之后残留的感受也有助于解梦，例如，梦中困惑不已、焦虑不安，而后醒来，也许意味着现实生活中有什么事让做梦者烦心。然而，我们必须记住，对不同的人来说，同一梦境也许有着完全不同的含义，解梦时还要考虑做梦者所处的环境。梦一般以做梦者复杂的人际关系网络为背景。解梦的基本原则就是"不联系（现实生活中的事件），就不能加以解释"。

例如，如果你梦见得到钱，要解梦的话，就得弄清楚你在什么情况下从谁那里得到钱？梦境展现了哪种权力模式？你从梦境里看出什么主题？梦境唤起你的哪种感受？

再比如，梦见自己散财，这也许暗示你希望帮助别人，或者渴望爱和感情，或者需要关怀。相比之下，如果梦到别人散财，也许暗示着你觉得被忽视，觉得某人对你关怀不够或者感情不深。梦见没钱，也许意味着你担心失去地位，或者担心自己没有能力实现目标，或者觉得被人忽略。梦见丢钱，也许意味着你无法控制自己，这种失控感可能与钱有关，也可能意味着你无法控制自己的情绪，或者意味着你沉迷于某样东西无法自拔。梦见偷钱，可能意味着你担心出现危险，或者觉得需要提高警惕。这种梦境也有积极的象征，比方说意味着你终于要去追求对你来说很重要的东西了。

一次，一个高级执行官告诉我，他前天晚上做了一个梦，梦见自己在找钱，他确信自己曾经把钱藏在书架上的一本书后面，但是在那里找不到，于是他到别处找，可是找遍了屋子也找不到，变得越来越恐慌。醒来后，恐慌的感觉还没有消失。

由梦联系现实生活时，他提到前几天和老朋友一起吃午饭时，谈起最近的一次同学聚会，他们说到同学们的生活过得是如何的好。他问朋友："如果让生命重来一次，你还会做同样的事情吗？"提这个问题时，他意识到，与其说他是在问朋友，还不如说是在问自己。这个问题困扰他好长一段时间了。午饭期间，他们还说到哪些同学离婚了，哪些同学再婚了。这个执行官记得，谈话结束后，想到自己的上半辈子，他就感到无可名状的遗憾和痛苦。

我现在解释一下这个梦。丢钱，说明执行官在潜意识里认识到自己失去了某样东西。梦往往能帮我们看到我们在日常生活中不愿面对和不愿处理的事情。做梦时，我们的防卫机制就没有那么强了。在梦中丢失东西——特别是有价值的东西，比如钱——可能象征着丧失机会、失恋，甚至失去自我的某些方面。梦也许在委婉地提醒他，是时候做些什么了。执行官讲述那次午餐谈话，意味着他觉得自己正在失去对他而言很重要的东西。也许他觉得自己忽略了生命中的梦想，也许意味着他对未来的生活没有信心。

据我对这个执行官了解，他每天忙于处理各种琐事，忽略了大局。另外，考虑到午餐谈话的主题，这个梦或许也在提醒他多关注家庭生活，花时间陪陪妻子，改善夫妻关系，否则可能会失去妻子。

在这个执行官的案例中，梦只不过夸大了糟糕的现实。然而，我们所有人面临的挑战就是：清醒时睁大眼睛，梦里也要睁大眼睛，才不至于在事情真的发生时觉得那么突然。我们应该对身边的事情敏感一些，包括金钱的问题。维克多·雨果曾经说过："每个人都应该规划自己的生活，这样才有实现梦想的那一天。"我们的很多梦境是那么的不可能，看似偶然——但是如果我们仔细分析一下——实则必然。我们的很多梦境都在演绎我们担心的事情。如果我们留意一下这些梦境，我们就会更加有所准备，不知不觉陷入困境的可能性也会减小。在金钱的问题上——就像很多其他问题一样——当心一点没有坏处。我们可能做梦，我们可能做噩梦，但是因为有梦，我们也许能够克服噩梦。

第 9 章　钱是王八蛋

贫穷不是拥有得过少，而是奢求得太多。

塞涅卡，古罗马政治家、哲学家

在金钱的问题上，每个人的立场都一样。

伏尔泰，法国思想家、文学家

金钱从来没有使一个人幸福过，将来也不会。一个人拥有的（金钱）越多，他奢求的就越多。这就好比去填一个无底洞，永远也填不满。

本杰明·富兰克林，美国政治家、科学家

如果把世界上所有富人的钱合在一起，然后在他们之间分掉，你会发现钱不够分。

克里斯蒂娜·斯特德，澳大利亚小说家

要想理解金钱对富有的执行官的象征意义，研究他们的梦境也许是个绝佳的方法，但是与他们进行深入交谈也是不错的选择。我了解到，很多执行官骂钱是"王八蛋"，但还是不停地赚钱。他们在叙述中都提到了孩提时期所经历过的没钱的窘境。长到十几岁时，这些人觉得——现实情况也确实如此——家境艰难，自己却什么也帮不上。看到父母精打细算地过日子，支付各种账单，把食物摆上桌子，他们意识到金钱对生活水平的重要影响。这些早期经验被内化之后，成为内心剧场的重要主题，主导着他们日后的行为。

某些人一生都痴迷于改善经济状况。孩提时，遇到家里发生经济变故，他们发誓不让类似的事情发生在自己身上。他们从心底里渴望让父母重新露出笑容，渴望减轻父母的压力，渴望回到蜜罐里，渴望有慈爱的父母陪伴在身旁。成长过程中经历了太多的窘迫无助，成年后，他们要变得有钱，有钱到能对别人喊"滚开"，有钱到"我无所不能"，有钱到"我说了算"，有钱到"谁也别想强迫我做我不乐意做的事情"。对这些人而言，钱意味着自主，意味着权力，意味着控制。钱具有驱走童年阴影的能力。这些人相信钱是他们所有疾病的解药，却没有意识到"认为钱无所不能的人也会为了钱无所不为"（本杰明·富兰克林的名言）。他们认为没钱是一切痛苦的根源。他们没有看到金钱黑暗的一面。

金钱与面子

金钱，除了能象征权力和控制外，还能象征赢得人生游戏。

它是个人成功的标志，意味着过得比别人好。如果缺乏自我价值感，我们可以用金钱对别人说"不要小看我"。金钱是我们战胜逆境的证据，让我们得到别人的认可——这是我们所渴望的，可以帮助我们加固摇摇欲坠的自尊。但是，重要的不仅是赢，还有比赢更重要的。对很多人而言，炫耀财富是让自己胜人一筹的方式，赢得炫富游戏是锦上添花。

这些年来，通过和许多拼命挣钱的执行官交谈，我认识到人们能争强斗胜到什么地步。一个执行官非常严肃地对我说："如果不能激起别人的嫉妒和敬畏，钱又有什么用呢？"有那种想法的人，用钱报仇、斗气。炫耀财富是治疗童年创伤的工具，不管创伤是真实的还是想象的。对这种人而言，挣很多钱不仅是成功的象征，而且是有意让别人嫉妒。当然，他们这样炫富，会激怒那些受嘲弄的人，受嘲弄的人会使出自己的招数和他们斗下去。炫富引来嫉妒，印证了达尔文对生命的看法，和平相处是不可能了。歌手鲍勃·迪伦（Bob Dylan）说："钱不说话，它诅咒。"伤害别人，最终也会伤了自己。但是，很多人宁愿被嫉妒，也不愿被怜悯。

有些人把挣钱当作为生命游戏加分的理想途径。通过让别人知道自己多么有钱，我们显示出自己的优越感。出了名的会赚钱的唐纳德·特朗普（Donald Trump，他也是电视"明星"）说："钱从来不是我最大的动力，真正令我热血沸腾的是挣钱的过程。"我们总是会怀疑那些说"钱不是一切"的人，觉得对他们而言，钱就是一切。但是，正如特朗普所指出的那样，钱理所当然地具有加分作用。看一看年度福布斯世界富豪排行榜，上面的巨额数字绝对能吸引你的眼球。在那个排行榜上占有一席之地——许多自恋之旅的目的地——是赢得他人崇拜（以及／或者嫉妒）的极其有效的途径，尽管有些俗气。

　　大多数人看福布斯排行榜时，不是想着自己有朝一日能上榜，而是心怀嫉妒，即使不是锥心刺骨，也会觉得刺痛。不满、憎恨、渴望得到别人的财富或品质，这种情绪是人们对金钱的消极反应之一。我们很快就会发现这种情绪是多么的阴险。埃斯库罗斯[1]写道："很少有人能对朋友的发达表示诚心祝贺而毫不嫉妒的。"尽管嫉妒心理难以觉察，但是它在我们的内心世界起着关键作用。当我们认为嫉妒的出现象征着我们认识不到自己的独特重要性和自我价值时，当我们认为嫉妒的出现是源于我们看不到自己的能力或者不相信自己的能力时，嫉妒就染上了灰暗色调。

　　嫉妒和竞争是一对共生的双胞胎，在金钱的问题上，它们之间的关系被演绎得淋漓尽致。当金钱在我们的内心世界占据中心地位时，我们不仅想变得有钱，而且不由自主地想变得比别人有钱。记者兼社会评论家 H.L. 门肯把人性的这一面刻画得入木三分，他把财富定义为"比老婆姐妹们的老公每年至少多挣 100 美元之后的收入"。作家戈尔·维达对人性的洞察也很敏锐，他说："每当我的朋友取得成就的时候，我的身上就有一点东西会死去。"我们的身上就有一点东西会死去——是的，但是我们也有可能因此受到激发，再次去向世界证明：我们没被淘汰，我们还可以再比。

　　对很多超级富豪而言，福布斯世界富豪排行榜上没有他们的名字，就是大难临头。但也有可能是终极挑战，他们会重振旗鼓，

---

[1]　古希腊悲剧诗人，有"悲剧之父"的美誉。——编者注

继续到市场上去战斗，志在再次上榜。但是，不幸的是，即使登上福布斯世界富豪排行榜的人，仍然可能不满足。他们已经登天了，但还在为自己的排名是否足够靠前而发愁。毕竟，人外有人，天外有天（排行榜上，除非你排在第一，不然总有人排在你的前面）。所以，他们面临的新挑战就是：怎样超过前面的人？怎样提升自己的排名？或者说怎样降低别人的排名？不管他们前进多少步，嫉妒始终啃噬着他们的心。

听听超级富豪拉里·埃利森针对世界上最富有的人所说的刻薄话："比尔·盖茨想让人们把他看作爱迪生，实际上他只是洛克菲勒。把盖茨称作美国最聪明的人，并不正确……财富和智慧并不是一回事。"任何企图超过比尔·盖茨的人，都会永无止境地痴迷下去。他们面临的结果就是生命枯萎。多数人认为金钱能买来安全感以及内心的平静，但是得到财富之后，他们并没有觉得安全，内心也没有平静。就像得到圣杯耶稣受难前的逾越节晚餐上，耶稣遣走犹大后和 11 个门徒所使用的一个葡萄酒杯子。[①] 一样，他们仍然惶然不安。

当钞票让你眼红

人们用金钱为生命游戏加分，用金钱赢得别人的认可，金钱的这种恶性竞争功能，很大程度上源于人们小时候的同胞争宠（sibling rivalry）。在和兄弟姐妹争宠的过程中（不一定所有人都

---

① 耶稣曾经拿起这个杯子吩咐门徒喝下里面象征他的血的红葡萄酒，借此创立了受难纪念仪式。很多传说相信，如果能找到这个圣杯而喝其盛过的水就将返老还童而且永生。——编者注

有这种经历），我们普遍感觉父母的一方甚至双方都偏向兄弟姐妹（这种感觉可能有据可依，也可能只是感觉）。爱因为不能被公平分享，所以成了珍贵物品。觉得别人不够重视自己，就会造成心理学家所说的自恋性创伤（narcissistic injury）——也就是伤自尊——表现出抑郁、嫉妒、竞争、愤怒、生气、憎恨、报复和证明自己等症状。积聚财富成了显示"我是有分量的"方式，成为证明自己的手段，甚至用于报复。

用金钱报复别人和证明自己的最好例子，是唐老鸭的叔叔——守财奴麦达克。迪士尼所创造的守财奴麦达克这个人物，很好地阐释了当追求财富成为目的本身时会发生什么。在动画片中，守财奴麦达克被描述成世界上最富有的人，他最初在苏格兰擦皮鞋，后来在美国变成亿万富翁，但是发迹后仍然很吝啬。他的名字来自英国著名作家查理·狄更斯的小说《圣诞颂歌》中的人物艾柏纳泽·斯克鲁奇[①]，然而，从理论上说，他是以出生于苏格兰、13岁背井离乡来到美国的工业家安德鲁·卡内基为原型。

守财奴麦达克把一部分钱存在鸭镇城（Duckburg）上方的一个巨型钱箱里。他爱钱胜过一切，吝啬得臭名远扬。具有象征意义的是，他的贪财很好地被他的主要消遣所阐释：像海豚一样潜入钱堆，像地鼠一样在钱堆里打洞，把银币撒向空中、品味硬币砸在脑袋上的感觉。

作为商人，守财奴麦达克经常使用咄咄逼人的策略和坑蒙拐骗的手段。商场是他施展竞争意识的舞台。在追求财富的过程中，

---

① 一个性情刻薄、冷酷的守财奴，面对温暖的圣诞节，却讨厌周遭的一切庆祝活动。——编者注

他积累了大量操纵利用别人，让事情按照自己的意志发展的经验。但是，他也为自己的行为付出了巨大的代价：缺乏真情。他的侄子唐老鸭，以及唐老鸭的侄子，和他的关系都很疏远。唯一能激起守财奴麦达克情感反应的就是他的钱，因为钱能让他回忆起自己是如何挣钱的。除了搞笑与幽默之外，守财奴麦达克的故事还充满象征意义，是有关"拥有万贯家财却空虚无比"的黑色寓言。这些寓言发出一个强烈信息：盲目追求金钱会付出众叛亲离的代价。

基度山伯爵情结

"基度山伯爵情结"以法国著名作家大仲马的小说《基度山伯爵》中主人公的名字命名。大仲马故事的主题就是复仇——将曾经受到的伤害（真实的或想象的）都还回去。正当爱德蒙·唐太斯（故事的主人公）和未婚妻举行婚礼并即将成为船长之际，他被捕了，罪名是私通拿破仑（之后不久，拿破仑从流放之地厄尔巴岛回到法国）。在三个各怀鬼胎的敌人的合谋之下，唐太斯被关押到壁垒森严的伊夫岛。关押期间，唐太斯结识了隔壁牢房的老神甫布沙尼·法利亚。在神甫的教导下，唐太斯学会了好几种语言，并得知了一个秘密：在一个叫做基度山的小岛上埋藏着一笔巨大的财富。唐太斯在法国这个恶魔岛度过了 14 年的时光，最后机智地逃了出去，前往基度山，并找到了财富。随后唐太斯换了一个身份，成为基度山伯爵，回到巴黎，运用手中的财富报复摧毁他的敌人，企图弥补自己所受的冤屈。

就像大仲马的故事所阐释的那样，那些有着基度山伯爵情结的人，复仇并非暂时的诱惑，而是他们生活的主要动力。复仇是他们挣钱的唯一目的。但是，就像在大仲马的小说中唐太斯所发现的一样，一报还一报的话，最后受伤的还是自己。复仇之后你真的就能解脱吗？正如一句荷兰谚语所说的那样——"复仇之树不结果"。在《失乐园》里，英国伟大诗人约翰·弥尔顿写道："复仇，尽管起初是甜蜜的，但之后是长久的痛苦。"正如《出埃及记》①所劝诫的那样，以眼还眼、以牙还牙，最后只会让所有人都伤痕累累。我见过许多把钱用于报复的执行官，最终他们自己也伤得体无完肤。

太有钱

当然，我们可以经常引用爱尔兰著名作家、诗人奥斯卡·王尔德的话说："唯一比富人更多地想着金钱的人是穷人。"成长过程中，缺钱是个问题，太有钱也不是什么好事。英国有句谚语："钱多毁青年。（An abundance of money ruins youth.）"换句话说，太有钱不利于孩子的健康成长。之所以出现这种情况是因为，当父母忙于挣钱，无法给孩子足够的精神关爱时，就会用礼物和零花钱来减轻自己的内疚感。从本质上说，他们给不了爱，所以给钱。但是我们的孩子更需要我们的陪伴，而不是我们的礼物。

悉心的关爱能用金钱替代吗？即使能，也不要奢望孩子能够健康成长。金钱是糟糕的关爱替代品。这种模式下长大的孩子，往往会对养育他们的人怀有矛盾心态：他们不知道养育他们的人

---

① 《旧约圣经》的第二书。——编者注

是否真的爱他们，或者确切地说，他们自己是否可爱。于是他们觉得抑郁，觉得不安全，这种压抑感和不安全感自童年开始，持续到成年。有些人可能会出现与财富疲劳综合征一样严重的行为障碍：购买癖（cniomania，字面上讲，就是疯狂地购物）。为了排解心中的抑郁，他们拼命花钱，企图从中获得快感。给自己买东西确实能让他们感觉良好，但这只是暂时的解药。这些人，小时候从父母那里拿到钱买东西或礼物时，会获得暂时的、虚假的快乐；长大后，他们不由自主地重复这一模式。他们花钱买乐子，却只能陷入抑郁—快乐迭起的无尽循环。

金钱当然不能给孩子内在的安全感，也不能给孩子成年时期所需的稳定的自尊感。讽刺的是，金钱甚至会让孩子变穷。如果你想看看孩子能做什么，你必须停止给他东西。一般情况下，孩子在恰当的年龄会遇到一些重要的挑战，通过与父母共同应对这些挑战，孩子得以发展出健全的人格，成长为富有责任感的个体。当钱来得太容易时，这种复杂的心理发展机制可能就会遭到破坏。金钱会腐蚀人，就像权力会腐蚀人一样，因为它让我们变得依赖，钱越多，腐蚀越严重。金钱可能会妨碍我们与他人建立深层的、有意义的关系——成熟及心理健康的基石——让我们一生都陷在低自尊和抑郁的状态之中。

当年轻人太有钱时，其他人会觉得难以自然地与之相处。富人家的孩子，成长环境优越，可能不知道其他人是怎么生活的，因为他们的成长经历和其他人大不相同。这两个因素——他们自己对现实世界了解不足，其他人与他们相处时觉得不自在——让他们更加难以与其他人建立关系。而且，成长环境优越的青少年对自己有一套看法，其他人对他们有另一套看法，两者之间的不同让他们觉得困惑，这种困惑感会损害他们接受现实考验的能力（也就是，让他们不那么适应环境和其他人的反应），也会让他们怀疑人性。

太轻易得到太多钱，也会对动机造成负面影响。从不缺钱的话，年轻人就意识不到金钱的价值，也无法理解钱是多么难挣。如果他们永远理解不了赚钱的含义，那么他们也许永远感受不到辛苦工作的价值。这种状况所造成的影响并不局限于经济方面：钱太多的年轻人，会失去奋斗、试验、追求，以及尝试新东西的动力。

古希腊迈达斯（Midas）国王的故事，是一则有关贪婪和救赎的寓言，大人经常给孩子讲这个故事，教导他们要正确看待金钱。故事是这么说的，一天，迈达斯发现自己花园的一棵树底下睡着一位老人，认出他是森林之神——酒神狄俄尼索斯的老师兼忠诚的朋友。出于怜悯，迈达斯没有怪罪老人闯入自己的花园，而是放了他。狄俄尼索斯听说后，决定满足迈达斯一个愿望，以表谢意。迈达斯只想了一秒钟，然后说："我希望我碰触到的一切都变成金子。"狄俄尼索斯试图提醒迈达斯当心这一愿望的后果，但是迈达斯不听劝诫，他很坚持自己的想法。于是，狄俄尼索斯满足了迈达斯的愿望。

获得这种能力后，迈达斯非常高兴，迫不及待地要去试验一下。开始，他很兴奋，将所碰触到的一切都变成了金子，包括他花园里可爱的玫瑰。然而，当他既不能吃也不能喝时，他就高兴不起来了：他的食物和酒也变成了无价的但是不能吃的金子。当他把自己的女儿也变成金子时，终于意识到自己犯了一个多么大的错误。曾经被视为上天恩赐的东西现在却适得其反：它让迈达斯非常不快乐。他所收到的祝福实际上是诅咒。他不能吃、不能喝、不能睡、不能碰任何东西，因为他碰过的任何东西都会变成金子，包括他的女儿。这是多么可怕！

最后，迈达斯再次找到狄俄尼索斯，让狄俄尼索斯去掉他点石成金的能力。狄俄尼索斯看到迈达斯的变化，取笑了他一番，但最后还是可怜他，让他到附近的河里洗个澡。迈达斯不敢下水，因为他担心河水会变成金子，自己就会死掉。于是，他找来一个罐子，一罐一罐地取水浇到自己身上。让他感到欣慰的是，他身上的金子被渐渐冲洗掉了。他又一罐一罐地取水回到自己的住处，用水冲洗女儿、仆人、马匹，以及整个宫殿。直到一切都恢复正常，他才停下来。经过这一劫，迈达斯比原先更穷了，但是心底里却觉得更富有了，因为他认识到什么是生命里最有价值的东西。

故事的寓意很明显——"金子"有很多种形式，包括幸福、爱以及有意义的关系。只有在迈达斯把自己最心爱的东西和人都变成金子后，他才意识到自己的世界观是多么狭隘；而且只有经过大量的辛苦劳动，才能恢复他最钟爱的东西的价值。

钱应该是挣来的。真正工作过的人，才会明白金钱的价值，这也是为什么父母向孩子灌输工作的价值，并让孩子体验挣钱的感觉是如此的重要的原因。没有这种教导，孩子也许会发展出不切实际的权利观念，以为一切都可以用钱买卖。他们需要意识到，最重要的道德和文化价值是没有价格标签的。

正如迈达斯的故事用夸张的手法所揭示的那样，有些人可能穷得只剩下钱了。不幸的是，当金钱说话时，它所说的一切不一定有意义。这就要求父母确保孩子能够正确地用钱。如果你想让孩子脚踏实地，你需要让他的肩膀承担责任。我们越不想让孩子受苦，他们将来受苦的可能性就越大。

　　最重要的是，你的孩子可以通过你的做法看出你的为人，而不是你的说法。没有什么比父母的潜移默化对孩子更有影响力了。然而，如果父母不能以身作则的话，孩子是很难学好的。奇怪的是，我们只有在开始教育孩子时才开始审视自己的信念系统。我们如此为孩子担心，是因为我们害怕他们长大后和我们一样吗？

第10章 金钱与生活

我精神愉快，精神健康，

我有精神朋友，精神财富，

我有妻子，我爱她，她也爱我；

除了没有财富外，我拥有了一切。

威廉·布莱克，英国诗人、画家

最大的财富就是健康。

拉尔夫·沃尔多·爱默生，美国思想家、文学家

把金钱当成你的神，它就会像魔鬼一样折磨你。

亨利·菲尔丁，英国小说家、剧作家

金钱是无底的海洋，可以淹没荣誉、良心和真理。

尤金·阿瑟·克兹雷，美国内战期间高级军官

　　我已经指出了金钱的矛盾本性：金钱能给人自由，也能囚禁觊觎它的人；金钱可以被人拥有，也可以拥有聚敛它的人。我们需要明白一点，唯一真正重要的财富是无法用金钱买到的东西。

"钱买不到爱"

　　尽管我们多数人都跟着披头士乐队高高兴兴地唱过"钱买不到爱"（money can't buy me love），但我们有些人还是会用钱买爱。有些人这么做是有意识地，有些人是无意地。他们认为钱能买到任何东西，包括漂亮的女人或者英俊的男人。但是，钱尽管可以让男女走到一起，但是无法买到爱。没有爱，整个买卖都是适得其反的：买家真的有多在意他/她所"买"的人？把妻子当作战利品炫耀，只是另外一种形式的攀比。钱和性一样，会让人沉迷。有些人相信，拥有的钱越多自己越幸福，就像性生活越丰富自己越幸福一样。但是他们最终发现，再多的钱都不能让自己满足。问题不在于钱多钱少，而在于用钱替代了生命中真正重要的东西。

　　钱也买不来青春。有些男人和女人会花钱补偿自己的年老色衰，钓个年轻的伴侣，让自己看起来风光一些，心里觉得舒服一些，但是对这些人来说，"买"个伴侣只能暂时驱走抑郁感。

　　不管是追求爱情还是青春，有些人打算竭尽全力、耗费巨资得到合适的人。但是，这也是需要两厢情愿的事情。有些女人觉得有钱有势的男人就是有吸引力，就是愿意和他们厮混，还有些男人也会受到有钱有势的女人的吸引，这种男人现在越来越多。美国前国务卿亨利·基辛格说过："权力是最好的春药。"这话有一定的权威性。

　　一个愿买，一个愿卖，这样就能创建有意义的关系吗？即使有，可能性也非常非常小。船王亚里斯多德·奥纳西斯年老时一定很关注这个问题，因为他说过："如果没有女人，世界上所有的金钱就没有意义。"他知道自己在说什么，因为他用钱买到了玛丽亚·卡拉斯①和杰奎琳·肯尼迪。这样，当然，钱尽管买不到幸福，但可以让你选择遭受哪种痛苦。而且，钱尽管买不来爱，但能增强你在求偶比赛中的实力。

买断满足

　　感到迷惑了？如果贫穷和富有都不能给我们带来满足，那什么能？实际上，贫穷往往比富有更能让人知足。土耳其有句谚语说："傻瓜梦想财富，智者梦想幸福。"只有身无分文的人才会想象金钱能让自己幸福。石油大亨约翰·D.洛克菲勒——不管以什么标准衡量，他都绝对算个富人——曾经这么说自己："有人以为拥有巨额财富的人总是幸福的，这种想法不对。"实际上，太过富有就像贫穷一样，也会让人受累。

　　超级富有的人往往比其他人更容易出现厌世、抑郁及其他心理症状。大多数有关幸福感的研究表明，一旦基本的需求得到满足后，金钱实际上并不能带来幸福。正如希腊剧作家欧里庇得斯所说的那样："不饿的时候，富人和穷人没有什么不同。"你一天能够吃下的牛排是有限的。

―――――――――――
① 著名的美籍希腊女高音歌唱家。——编者注

我们一直向往的幸福到底是什么？西格蒙德·弗洛伊德认为，是满足童年时期未能实现的愿望。似乎有很多轶闻趣事支持这一看法：听人们诉说自己的故事和梦想，你经常可以听到"感觉很好"指的是像孩子一样单纯，或者像小时候有父母相伴一样。很小的孩子不要钱，他们要拥抱，他们要他们的父母或者其他亲人陪着他们。因此，从发展心理学的观点来看，追求金钱是习得的需求，而不是天生的需求，当看到突然得到一大笔钱的人只会暂时狂喜一下而不能真正满足时，我们不必惊讶。例如，有关幸福感的研究表明，彩票中奖者，其幸福感会暂时地飙升，然后很快回到正常状态。

让我们获得长久满足感的东西往往是无形的。比如，取得成就的欣喜感，与人合作有所创新的兴奋感，宗教庆典的肃穆感，以及天人合一的正气感。再比如，能从日常工作中找到乐趣，觉得自己胜任岗位，能够圆满完成任务（是的，运气好的话，有时还能挣很多钱）。最后是——也许是最重要的——与家人朋友相处的温馨时刻。

买断亲密

你也许能用钱买到一只好狗，但只能用爱让它向你摇尾巴。我们真正的财富藏在那些在乎我们的人以及我们在乎的人身上。正如我在第一篇谈论性欲时所强调的那样，依恋是人类最基本的需求之一。我记得看过一个动画片，里面有一个秃头的执行官坐在办公桌后面说："好的，我成功了，现在我需要爱。"悲哀的是，他醒悟得有些晚了。

在亲密关系中，当金钱开口说话时，真相就沉默了。有钱人面临一种危险：与有钱人打交道的人，只对有钱人说他们自以为有钱人愿意听的话。心理治疗师和精神分析师把这种现象归因于理想化移情（idealizing transference）——也就是说，人们普遍愿意讨好强大的人（当然，我知道这个解释不够全面，因为我们不能排除有些人讨好强大的人是想捞点好处）。不管目的如何，金钱和坦率是难以并存的。当有钱人面对满脸堆笑或带着厚礼走向他们的人时，心里会纳闷："这些人是真正的朋友吗？还是只想利用我的财富和权力？"美国电视节目主持人、"脱口秀女王"奥普拉·温弗瑞曾经说过："很多人都想坐你的豪华轿车，但是你想要的是一个在你的豪华轿车抛锚时能带你搭公共汽车的人。"

更糟的是，富人有时是愿意花钱让别人拍马屁的。很多等着搭乘豪华轿车的人会告诉富人说"你是智慧、美丽和才华的化身"，如果马屁糖足够多的话，富人可能开始相信他们所说的，尽管事实完全相反。阿谀奉承会让富人忘乎所以，飘飘然不知道自己是谁，富人的人际关系也会变味。犹太人有句谚语巧妙地道出这一现实："只要你口袋里有钱，你就会变得又聪明又漂亮，歌也唱得好听。"最后，引用西班牙作家塞万提斯的话说："富人的蠢话会被世人当成至理名言。"

买断时间

钱买不到的还有时间。于是，又有一句似是而非的隽语：富裕指有钱，充裕指有时间。如果浪费钱，我们最后不过亏空口袋；如果浪费时间，我们则是亏空生命，而且是无法挽回地亏空。钱丢了，可以再挣；时间丢了，就是永远地丢了。当我们忙于追逐金钱与物质时，我们实际上在抵押生命，而且代价巨大，我们放弃了数小时、数天、数月乃至数年的生命。钱能买到一切，就是不能让生命重来一次。我们也放弃了精力。很多人，到了有钱可挥霍的时候，却没有精力去挥霍了。他们不再像年轻时那样好玩好动了，想象力也变得贫乏，连自己都觉得自己沉闷无趣。

忙于生意的话，我们会忽略一个事实：生命之旅，重要的是过程而不是终点。不幸的是，我们很多人认识到这一点时已经为时过晚。我们不明白，或者忘了，陪伴家人或者朋友度过他们生命中的关键时刻是多么重要，当我们年老时，我们回忆里的主要内容就是这些关键时刻。那些时刻绝不可能再来，不管我们是多么的富有。"要钱还是要命？"这一问题不仅是来自匪徒的威胁，而且具有深层的含义。就像《碧血金沙》中的人物一样，我们太多人把钞票看得和生命一样重要。但是，如果我们时不时地驻足一下，好好看看自己及所处的环境，我们会很快意识到钞票并不能代表生命中真正有价值的东西。有钱（及能用钱买来的东西）固然很好，但是也需要偶尔评估一下各种东西的重要性，并确保你没有失去用钱买不到的东西。

正如安布鲁斯·比尔斯[1]在《魔鬼词典》(*Devil's Dictionary*)中所说的那样："财神是世人共同供奉的上帝。"不幸的是，与财

---

[1] 美国一位家喻户晓的作家，尤其擅长短篇小说的创作，《魔鬼词典》让他在世界范围内名声大噪。——编者注

神共舞危险机四伏，我们可能牺牲生命中一切重要的东西：慷慨、同情、移情、善良、公平、信誉、公正、道德和审美。而且，围着财神打转时，我们可能忘记：普通的财富可以被偷走，真正的财富是偷不走的。我们都拥有无穷的珍宝，这些珍宝是别人轻易拿不走的。如果我们忽略这一事实，把金钱看得比无形的珍宝——比如时间——重要，我们就会自食恶果。换句话说，如果我们把钱当上帝，钱就会像魔鬼一样奴役我们。

买断正直

那些认为任何事都能用钱解决的人，也会为了钱做任何事、放弃原则。诚信正直和物质财富真的无法兼容吗？巨额财富只能通过不正当的手段获得？回顾世界上许多超级富翁的发家史，我们发现：无商不奸，即使不是恶贯满盈。美国著名女作家多罗茜·帕克有句话——"你想知道上帝把钱当成什么，看他把钱给什么人就知道了"，很好地阐释了这一点。我们更关心我们的钱而不是我们的原则。

要想知道金钱能让人丧心病狂到什么程度，我们可以看看肯内斯·雷（曾任安然公司 CEO）和安然的故事，这个故事充满戏剧性。在很长一段时期内，肯内斯·雷都是最大程度实现美国梦的象征。他在密苏里州的农村长大，家境非常贫寒，父亲没有固定职业，他很小就靠送报纸和到农场打工来补贴家用。他的父母为了不让三个孩子像自己一样没有文化，咬紧牙关供他们上学。雷不负众望，获得了州立大学的奖学金，学习商业。他成绩很好，导师建议他继续攻读硕士，但令导师失望的是，他坚持不做学术，说"我得出去挣钱"。他在埃森克石油公司找到了经济师的职位，开始了他的职业生涯。但他对学术还是念念不忘，利用业余时间在休斯敦大学攻读博士学位，并做了一段时间的联邦能源监管员。拿到博士学位后，他回到企业界，成为得克萨斯州一家天然气公司的负责人，这家公司就是由两家当地公司于 1986 年 2 月合并而成的安然。20 世纪 90 年代期间，互联网产业推动股市繁荣，新成立的安然利用这一契机蓬勃发展。到 90 年代末，安然连续 5 年被《财富》杂志冠上"美国最具创新力的公司"的称号，并登上《财富》杂志 2000 年的"美国 100 家最佳雇主排行榜"。鼎盛时期，安然市值 700 亿美元，每股交易价格 90 美元，成为美国第七大公司及世界最大的能源贸易公司。作为总裁的雷，成为美国公司薪水最高的执行官之一，股票分红 21 700 万，工资和奖金 1 900 万，成为得克萨斯乃至全美政界（包括两届布什总统）和企业界要人的座上客，并从个人财富中拿出相当大一部分支持多项慈善事业，包括那些影响力不够大而无法吸引其他捐助者的慈善机构。但是，当安然的高管大把大把地捞钱时，公司却在变得千疮百孔。

2001 年 12 月 2 日，安然宣布破产。安然的股票一夜之间变成废纸，成千上万的投资者——包括公司的大部分员工——损失了数万亿美元。公司管理层的腐败行径（制造虚盈实亏，利用境外公司隐瞒巨额亏空）败露后，导致两万人失业。

当调查人员将安然腐败的大量证据摆在雷的面前时，他仍然坚称自己是无辜的。他被手下的人欺骗和迷惑了；他工作太忙了，以致没有注意到问题；他对公司以及公司的员工初衷良好、忠心可鉴，他没有做错什么。2006 年 5 月 25 日，肯内斯·雷和安然的前任 CEO 杰弗里·斯基林被判欺诈、共谋、内部交易等一系列罪名。雷发誓要证明自己的清白，却在宣判前心脏病突发死亡，要不然他一定要在监狱待上很长一段时间。斯基林被判 24 年以上监禁。

人们回忆起肯内斯·雷时，不会把他看作慷慨的慈善家，而是把他和美国商业史上最大的丑闻联系在一起。他的故事是狂妄自大和白领犯罪的一个例子，告诉我们有多少聪明能干的人利欲熏心，毁了自己，也连累了成千上万无辜的人。

贪婪的回归

金钱有没有"足够"的时候呢？也许有，但是肯内斯·雷的故事说明没有。人类存在的一个悲剧就是躁动不安：不管追求什么，到手之后，我们很快就会适应，就会习以为常，就会心生厌倦。

进化心理学家认为，自然选择把我们训练成能够迅速适应新环境然后追求更多的样子。满足于稳定状态不利于物种生存，我们需要居安思危。按照这种逻辑推理下去，我们有些人就会在趋乐避苦欲望的驱使下，踏上享乐主义的踏车。这部踏车永远不会停下，因为人类的欲望是无穷无尽的。

我们就不能既接受进化心理学家的这些发现，又仍然觉得总会有足够的时候吗？为什么"足够"这一概念如此难以理解？我们足够富有吗？我们足够成功吗？我们足够好吗？为什么我们就是不能消停一下，走下踏车，休息休息？富人们的需求似乎能不断增长，就像我们在罗曼·阿布拉莫维奇的案例中所看到的那样：这个成功的执行官先是想要一辆跑车，然后是里维埃拉的一所房子，然后是一艘游轮，然后是一架私人飞机，然后是各种各样的跑车、房子、游轮和私人飞机。不管他们拥有什么，都不满足。他们总是想要更多，好像总有人比他们的东西更好。他们无法走下踏车，他们甚至没有想过试着走下踏车，因为他们害怕抑郁。这样专注于拥有，让他们不能真实地活着，也让他们不能审视自己是如何对待生命的。

如果我们真的相信旅途比目的地重要——很多人大体上赞成这种看法，但是没有付诸实践——那么我们需要专注于旅行而不是钱包。我们需要做自己喜欢做的事情，享受日常生活中点点滴滴的快乐。如果我们专注于无休止的物质追求，我们只能获得非常短暂的满足。获得和花钱只是短期抗抑郁剂，需要不断服用。这样，我们就变得像西西弗斯①一样，一次一次将巨石推向山顶。我们没有欣赏光辉灿烂的落日，没有与家人共度晚餐，而是留在办公室加班做我们不喜欢做的事情，目的是能够买来我们不需要的东西，给那些我们不在意的人留下好印象。这有多讽刺？

买断健康

金钱无法弥补失去的时光和失去的诚信，也无法挽回失去的健康。富人只有在生病时，才真正理解到财富是多么无用。金钱

---

① 希腊神话中的人物，他触犯了众神，诸神为了惩罚他，便要求他把一块巨石推上山顶，而每每未上山顶就又滚下山去，于是他就不断重复、永无止境地做这件事。西西弗斯的生命就这样消耗殆尽。——编者注

能为我们买来好药、好医生，但是买不来好身体。金钱能为我们买来舒适的床，但是金钱本身无法让我们安睡。金钱能给我们物质安慰，但是无法让我们真正感到幸福。讽刺的是，太多人用健康换财富，然后又花钱买健康，但是健康不是那么容易恢复的。

这并不是说，存钱对以后年纪大了没有好处。当我们精力不如从前、说不定哪天就生病的时候，有些存款是不错的。金钱不仅能让我们享受休闲时光和退休时光，也能增强我们的自我价值感和权力感。当韶华逝去时，金钱还能给我们某种安慰。有关这一点，美国传奇剧作家田纳西·威廉斯有句话说得很直白："年轻时，你可以没钱，但是年老时，你不可以没钱。"然而，不管我们处于什么年龄阶段，都要当心不要让金钱驾驭了我们生活的其他方面。

有的人认为金钱可以解决一切问题，这本身就是个问题。我们没有通过金钱获得自由，反而为它所困，因为它不能给我们带来我们一直寻找的控制感和清白感。相反，在追求金钱的过程中，我们可能会错过生命中的重要东西。

第 11 章　金钱之禅

当一个人说"这不是钱的问题而是原则问题"时，那就是钱的问题。

　　　　　　　　　　　　阿地马斯·瓦德，美国幽默作家

人只有在穷困之际才能体会到施舍他人是一种享受。

　　　　　　　　　　　　乔治·艾略特，英国著名女作家

为什么只有当人们知道无法通过其他方式从所拥有的财产中获得快乐时，才愿意资助慈善事业？

　　　　　　　　　　　　阿瑟·柯南·道尔，英国小说家

如果一个人有用不完的钱，那么他也许会发展出某些非常能烧钱的嗜好。我从不知道这些嗜好是否值当，但是它们能消耗掉某些不能适应社会环境的人的破坏性精力。

　　　　　　　　　　　　萨基，英国小说家

有一个禅理故事，说的是一位著名的禅师被人邀请参加宴会，他身着破破烂烂的衣服赴宴，主人没有认出来，把他赶走了。禅师回到家，换了一套礼袍，披上紫色袈裟，再次赴宴。这次，他受到了贵宾级的礼遇，被领入宴会厅。主人邀请禅师入座时，禅师脱下袍子，小心地放到椅子上。"我可以完全肯定，"他说，"你邀请的是我的袍子，因为我第一次来的时候，没穿这套袍子，你把我拒之门外。"然后，他就转身离开了。

我们经常从一个人的外表行头而不是内在修为来判断他，但如果没有那些金钱买不到的东西，我们谁都不算富有。

既然我们几乎不可能视金钱如粪土，那么我们需要学会在追求金钱的过程中不要迷失自己。我们需要认识到，在金钱的问题上，我们要把握好度。如果钱太多和钱太少一样让我们萎靡不振，那么我们如何在对它的需求和恐惧之间找到一个平衡点呢？

当然，处理金钱问题最简单的方式就是改变我们的需求系统——也就是限制我们的欲望。毕竟，富有与否是相对而言的，欲望较少的人远比欲望较多的人富有。有趣的是，强调清心淡欲、生活俭朴是世界上很多宗教的共同主题。真正的自由，按照很多宗教教义的说法，在于没有物质欲望；人们一文不名时更自由——而且确实更富有。

西方哲学一直有一个共同的主题：苏格拉底说"最容易满足的人，是最富有的人"；柏拉图说"最大的财富就是容易知足"；伊壁鸠鲁说"财富不在于拥有很多东西，而在于拥有很少欲望"。明显的，当我们的精神得到满足时，我们是最富有的。我们唯一最大的财富源泉就是我们的大脑，这个观点是毋庸置疑的吧？汽车制造领域的先驱亨利·福特，他目睹了几家汽车公司的诞生与衰亡，于是着手设计T型车①，那时他说："如果金钱是你能够独立自主的寄望，那么你永远不会达成愿望。一个人在这世上能够拥有的真正安全感来自知识、经验以及能力的积累。"让我们富有的是我们所拥有的能力和智慧。根据苏格拉底的说法，人们度过生命的最好方式就是获得智慧和真理。物质生产和消费本身不是严肃的目的，只不过是获得更加重要的东西的手段。苏格拉底认为，充实生活的挑战就是专注于构建友谊，创建真正的社区归属感（a sense of true community），追求有意义的东西。

这里有个很容易的方法，可以检验苏格拉底的话：如果有人告诉你，你只有六个月可活了，你会有什么反应？"我得挣更多的钱"还是"我要与我爱的人共度这段时光"？一直有这么一种说法：在中年时期得一场不算严重的冠心病，是一件再好不过的事情，因为这种突发病让人有机会慎重审视自己的生命。很多人经历过这样一场劫难后，就会认识到最大的财富其实是安于现状、享受生命中点点滴滴的快乐。

散尽千金

哲学家关心的另外一个问题是：一旦我们拥有财富，我们要拿这些财富怎么办？普遍的答案好像是：让财富发挥作用造福世

---

① 福特推出的T型车以其低廉的价格使汽车作为一种实用工具走入了寻常百姓之家，美国亦自此成为"车轮上的国度"。——编者注

界。引用一个反思性实践家典范——罗马著名的"哲学家皇帝"马克·奥勒留——的话说，就是"你唯一能永远拥有的财富就是那些你已捐出的财富"。过了很多世纪，两个著名的商人也表达了类似的观点。"金钱就像肥料，"亿万富翁 J. 保罗·盖蒂（美国"石油怪杰"）说，"你必须把它散播到四面八方，它才能发挥应有的作用。"另外一个大亨——安德鲁·卡内基，也得出类似的结论："上天赐予过剩的财富是一种信任，它的拥有者应当终生用它做善事。"

1888 年，当阿尔弗雷德·诺贝尔的哥哥路德维格去世时，法国的一家报纸误以为是阿尔弗雷德去世了，于是给他发了讣告，标题是"死亡商人死了"，内容如下："找到在更短时间内杀死更多人方法的阿尔弗雷德·诺贝尔博士，于昨天去世。"诺贝尔看到后相当震惊，作为炸药的发明者，他可不想被人记做"死亡商人"。这一事件促使他决定用一种十分与众不同的方式度过自己的生命。

1896 年，阿尔弗雷德·诺贝尔去世，他的遗嘱被公布后，轮到世界震惊了。诺贝尔几乎把自己所有的财产（很大一笔）都捐出来，设立了五个奖项（物理、化学、生物或医学、文学以及和平），奖给"那些在前一年中为人类做出杰出贡献的人"。诺贝尔奖成为这些领域中的任何人都梦寐以求的最高奖项。

如何处理财富的一个更近的例子，是亿万富翁沃伦·巴菲特——美国著名投资集团伯克希尔·哈撒韦公司的股东，他承诺将其在伯克希尔·哈撒韦公司所持有的 85% 的股份捐赠给五个基金会，其中最大的一部分——300 亿美元捐赠给世界上最大的慈善机构比尔与梅琳达·盖茨基金会。阐述自己的捐赠意图时，巴菲特说："我并不热衷于积累巨额财富，尤其是当还有 60 多亿人比我们贫穷很多的时候。"另外，他希望其他富人"也能这样做，我认为这是个明智的做法"。

阿尔弗雷德·诺贝尔和沃伦·巴菲特的例子表明，财富的最大用途不是生更多的钱，而是用钱做更多的事。当然，我们也许会怀疑他们当中有些人——考虑到他们财富的血腥来历——是否在沽名钓誉、自我标榜。把金钱投入更有价值的社会事业，当然能比购买昂贵汽车、豪华游轮、私人飞机或者豪华别墅带来更多的赞美。但是，即使背后的原因是为了获得承认，这也是个不错的动机。

不幸的是，很少有人知道怎样把钱明智地捐出去。尽管听起来很奇怪，但是慈善家可能会在实际操作中遇到障碍，也会在情感上觉得为难。决定把钱捐给哪项慈善事业并非总是那么容易——捐赠和获得是非常不同的，也许会有些无耻之徒等在那里想发横财。另一方面，捐赠一大笔钱也许意味着掉出"世界富人排行榜"，这在情感上一时难以接受。通信界亿万富翁特德·特纳（CNN 的创办者）很清楚这种感受："当我开始变得富有时，我就开始思考，'我到底要拿我的这些财富怎么办呢？'……你得学会给予……在 3 年的时间内，我捐出了一半的财产。说实话，当我签字捐款时，我的手在发抖。我知道自己正在退出世界富豪大赛。"

然而，最终，我们所有人都希望别人通过我们的生活方式来评判我们，而不是我们的生活水平。正如我一再重复的那样，富有是一种心境。任何人都可以通过丰富的思想来获得精神财富。如果我们认为自己是富有的，我们就是富有的；如果我们认为自己会继续困窘，我们就会继续困窘。

除非我们能接受自己，否则我们永远不会满足于所拥有的。我们的思想和想象是巨大的财富源泉，还有我们的友谊、我们与家人的关系，以及我们从生命的细微之处发现乐趣的能力。我确实相信，精神财富是最大的财富，是比金钱的价值大得多的东西，拥有精神财富，就比世界上最富有的亿万富翁还要富有得多。真正重要的是我们的价值观，我们看待生活的方式，就像下面的故事所阐述的那样。

一天，一个富有的商人带他的女儿去孟加拉旅行，目的是让女儿体验一下穷人的生活，这样她就会意识到自己是多么富有。他们在乡间待了两天两夜，住在村子里一户穷人家中。回到欧洲后，父亲问女儿对乡间生活体验有什么感受，她说这次旅行妙极了。

"你明白了穷人们是怎样生活的吗？"父亲问。

"当然。"女儿说。

"你从这趟旅行中学到了什么？"

"我认识到，我们只有一只狗，而我们在乡间所住的那户人家却有四只，他们还养着猫、奶牛。我们有一个大游泳池，但是那户人家的孩子却能在一望无际的大海里游泳。我们房子后面有一个花园可以让我玩，但是那户人家的孩子却有整片森林可以玩。我们在购物中心买吃的，但是他们能自己种吃的。我们有一辆能坐下全家人的汽车，他们却有一辆能装下全村人的公共汽车。"

父亲听了十分吃惊，但是，女儿接下来所说的话让他更为沮丧："爸爸，谢谢你，你让我认识到我们是多么穷。"

一个人觉得没有价值的、习以为常的东西，在另外一个人看来，却是巨大的财富。我们需要明白，所有由金钱引发的问题、担忧以及窘迫，很大程度上都是我们自找的。尽管我绝非忽视有人真的为钱发愁这一事实，但是对很多人而言，为钱发愁只是一种心理状态。如果我们满足于自己所拥有的以及自己所做的，我们就会真正地富有。远比金钱重要的是分享我们的人力财富——我们的时间、精力、激情以及亲密，那些无形的东西是唯一真正让我们在这个不安全的世界里感到安全的东西。它们是我们生命之旅的必需品，我们所有人都真的需要享受生命之旅的每时每刻。

最后，我想用英国最著名的文学家之———塞缪尔·约翰逊预言般的话语结束本篇内容：

金子能让人进入天堂吗？

金子能让人免于一死吗？

一生里，金子能买来爱情吗？

一生里，金子能买来友谊吗？

不，所有这些都抵不上一个愿望——一个思想。

美德无法贿赂、无法买卖，

那么，忘了这些徒劳的手段吧，

让你的脑子里充满高尚的思想。

SEX, MONEY,
HAPPINESS, AND DEATH

第 3 篇
幸福之我思

第 12 章　寻找野草莓

一个人永远不像他想象的那样不幸，也不会像他希望的那样幸福。

弗朗索瓦·德·拉罗什富科公爵，法国作家

生和死都无药可医，只有享受两者之间的那段。

乔治·桑塔亚纳，美国哲学家

幸福不取决于外在事物，而在于我们如何看待这些事物。

列夫·托尔斯泰，俄国文豪

心中有绿枝，鸟儿也会飞来歌唱。

中国谚语

"动物只要身体健康、有足够的食物，就会幸福，"伯特兰·罗素在他的《论幸福》里写道，"人类，曾经也是如此，但在现代社会就不是这样了，起码在绝大多数情况下不是这样。"人们只有在感到"部分生命之流"的时候才会觉得幸福，他观察到，"没有哪个实体能像撞球一样不和其他任何实体发生关系（除了碰撞以外）。"换句话说，人们需要他人。如果我们想要幸福，我们不该去镜子里寻找，而是需要看向窗外。

不幸的是，太多人就像罗素所说的撞球那样——退缩，不和人打交道，以自我为中心，像身处孤岛，盯着镜子而不是看向窗外。最终，通过极端的个人主义，他们给自己建造了一个实实在在的监狱，给自己编织了一个不幸的牢笼。他们陷入神经质的想法，不仅让自己痛苦，而且让别人痛苦。而且，他们不知道如何释放自己，也不知道如何对别人好。

两段旅程

在电影《野草莓》里（这部电影实际上是一部自传），著名电影大师英格玛·博格曼讲述了一位名叫伊萨克·博格的老人的故事。博格身处两段旅程：一段从斯德哥尔摩到兰德，去接受荣誉博士学位；另外一段是灵魂之旅。从表面上看，伊萨克·博格是个非常成功的男人，一个受人尊敬的医学博士和科学家。然而，他的个人生活却是另外一幅图景。博格与高龄母亲的关系缺乏温度，而与父亲的关系（图景里完全没有这一块）则是一片空白；博格的婚姻也不幸福，妻子有了外遇，以离婚收场；博格与唯一的儿子的关系也很疏远。更糟的是，儿子与他的关系模式似乎重复了他与父亲的关系模式——"冰冰有礼"。随着电影的展开，我们会看到，毫不奇怪的是，博格的人生观变得越来越灰暗，他对整个人类都很悲观。看到自己的生活变成这个样子，他感到痛心疾首，变得退缩，基本上不和人打交道。

从斯德哥尔摩到兰德的旅途中，博格——由儿媳陪伴着，她就像但丁的碧翠斯[①]一样，扮演着向导的角色——碰到许多熟悉的场景，勾起他对过去生活的回忆，大部分围绕生命里的关键事件展开，而很多是不开心的。为了对抗这些回忆激起的情绪反应，避免被焦虑和痛苦打倒，博格试着回忆开心的事情，也就是试着找回他的"丛丛野草莓"。野草莓象征着生命的甜蜜点——有关幸福快乐时光的回忆。幸福快乐的时光是短暂的，我们所有人都抓住对这些时光的回忆牢牢不放。随着旅途的展开（博格也回忆了一系列塑造其性格的生活事件），他的人生观开始改变。他变得开心了、风趣了，他试着和人打交道。不幸的是，他的转变来得太晚了，他的生命之钟即将敲响午夜零点。

思考有关幸福的问题，会让人追忆往事。这篇"幸福之我思"的写作过程，将我带回到自己生命中的"丛丛野草莓"，也将我带回到生命之旅中所遇到的"丛丛荆棘"。回忆起自己的故事，我与伯特兰·罗素的文章和英格玛·博格曼的电影产生了许多共鸣。毫不奇怪的是，写与幸福有关的文章，对我来说是一件矛盾的事情。一方面，我能在写作中找到极大的乐趣，有的来自写作的审美面（创造某种有形的东西），有的来自写作的实际面（创造某种有意义的东西）；另一方面，思考幸福这个问题，不可避免地启动

---

① Beatrice，《神曲》中的女主角，是但丁心目中的女神，象征纯洁爱情的天使。——编者注

了我的心灵之旅，不时地让我在写作中获得的满足相形见绌。

幸福是个难以定义的话题。悲伤的情感要比所谓的积极情感容易处理得多，因为悲伤的情感要明确得多、具体得多。尽管固执的商人们可能觉得很遗憾，但是幸福是不能在股票交易所开价的。它不是能和某种具体的价值联系在一起的东西。它非常缥缈，非常难以捉摸。幸福来得突然，溜得也快，往往是完全意外的礼物。尽管幸福稍纵即逝，但是追求幸福是人类主要关注的事情之一。我将从多个角度探讨这个话题。

尽管很少有人在简历或公司规划中把幸福列为一个奋斗目标，但是我们难以脱离职业发展讨论这个话题。多年以来，作为研究者、老师以及顾问，我做过很多研究，也做过很多演讲，主题涉及人类生命周期、职业生涯发展、领导力、组织变革与个人转变，以及个体与组织压力。我听过很多执行官讲述他们在职业生涯发展中的挣扎。而且，作为心理治疗师、精神分析师、领导力教练以及顾问，我帮助过人们理解他们的生命之旅，尝试充当他们内在和外在旅程的向导。在每个角色中，多年以来，我看到幸福话题一次又一次地作为关键话题冒出来。世界上所有的人，从高级写字楼的白领，到流水线上的工人，他们都会问："我要怎样做才能变得更加幸福？我要怎样做才能改善我的生活质量？我的工作和关系出了什么问题？有没有什么办法让我'修复'我制造的矛盾？"没有什么东西比一个没有预设答案的问题更能激起一个教育者的想象了。

第 13 章　难以捉摸的幸福

生命是什么？

计时的沙漏，

朝阳中的薄雾，

重复出现、熙熙攘攘的梦境。

生命有多长？

片刻停顿，

片刻思索。

幸福是什么？

溪流里的水泡，

被捏破。

约翰·克莱尔，英国诗人

《英国人的壁炉旁》之"生命是什么？"）

幸福很少接踵而至。

保加利亚谚语

　　法国哲学家让·德·拉布吕耶尔曾经说过："对一个人来说，
人生只有三件大事：生、活、死。生的时候他不知道，死的时候
他遭受痛苦，而他不记得是怎么活过的。"显而易见，德·拉布
吕耶尔非常悲观，他不会"享受生与死之间的那段"。和他不一
样，我在此的目标就是，集中关注生与死之间的那段，致力于更
好地理解幸福到底是什么。

　　所有人都渴求幸福。古希腊人深谙这一点，围绕幸福形成了
一套自我实现理论：幸福论（eudaimonism）。"eudaimonia"，字面
上的意思是"高昂的情绪"（"eu"加"daemon"），经常被翻译为
"幸福"。在《尼各马可伦理学》①中，亚里士多德审视了一系列人
类体验。按照他的说法，人类的最高体验——也是唯一的真情实
感——就是幸福。他将幸福定义为"灵魂从善"，认为幸福就是
善，是灵魂的一种活动。亚里士多德将对幸福的追求看作人类最
重要的追求——人类活动的终极目标。他说，幸福是达到的，通
过秩序井然的生活方式，通过从事那些最适合于自己的职业。但
是，他意识到幸福绝不容易达到："一只燕子成不了夏天，一个晴
天也成不了夏天。同样，一天或几天的幸福也不能让一个人彻底
地幸福。"实际上，按照他的定义，幸福只能在人死之后才能加以
评价。

　　人类对幸福的追求并没有随着古希腊时期的结束而终止，而
是持续了数世纪。我们甚至能在美国的《独立宣言》——一个正

---

① 古希腊哲学家亚里士多德的哲学著作，共十卷，为亚里士多德最重要的著作之一，
相传由亚里士多德之子尼各马可编订。——编者注

式的政治文件——中找到这样的语句：人类"不可剥夺的权利"之一就是"追求幸福"。讽刺的是，托马斯·杰弗逊（文件的主要起草人）是个非常忧郁的人，对追求幸福了解甚少。（而且——当然，我们都知道——追求幸福和达到幸福是十分不同的。）

很多心理学家用自我实现（self-actualization）、高峰体验（peak experience）、个体化（individuation）、成熟（maturity）、流动感（sense of flow）、主观安适感（subjective well-being）等字眼来阐释幸福，试图让幸福的含义更加具体。对大多数研究这些课题的学生而言，这些标签意味着，生活总体上是好的、令人满意的，而且是有意义的。不幸的是，幸福——不管我们给它什么标签——似乎只是一个理想。很多情况，比如疾病、受伤、缺乏教育、想要从事的职业市场需求不足、政府政策不允许，都可能阻止我们从事最适合于自己的职业。尽管困难重重，但是对我们大多数人而言，追求幸福是存在的终极目标。它给予我们希望以及活着的理由，让我们即使生活艰辛也能继续活下去。

那么为什么，尽管几乎所有人都推崇幸福，但它还是一个神秘的概念？为什么我们如此热衷于描写幸福却又发现无从描写？是因为我们还不知道答案还是因为没有答案？有些写过幸福的人甚至认为这是个不该探索的主题。例如，英国作家吉尔伯特·切斯特顿写道："幸福犹如宗教，是一种神秘的东西，永远不要对它加以理性的阐释。"他宁愿不再深入探索，因为他觉得没有答案。美国作家纳撒尼尔·霍桑说："幸福就像一只蝴蝶，你越是追逐，它飞得越远；然而当你的注意力转移到其他事情上的时候，它又会飞回来，轻轻地落在你的肩上。"

寻找失乐园

但是，不管幸福是不是个谜，还是有人时不时地试图解构一下。例如，有些人认为幸福不是一种地方，也不是一种状况，而是一种心境，是某样发自内心的东西——是虚构出来的，如果你愿意的话。（幸福是内心世界的产物这一观点广为人们接受，这也许是幸福之所以带有神秘色彩的一个原因吧。）另一方面，人们知道，心理治疗师将幸福和童年早期的"失乐园"相提并论。童年早期的"失乐园"，指的是模糊记忆中与母亲之间一种"海洋般的感觉"（oceanic feeling），也就是与母亲完全融和，彼此没有界限。（在婴儿与母亲的交流中，在婴儿依偎着母亲时眼睛里流露出的福佑感和陶醉感中，他们发现了这方面的证据。）我的很多病人都说，他们想找回记忆中那种自己曾经熟悉的、神秘的一体感——这种记忆只能停留很短一段时间，稍纵即逝。《圣经》里人类从天堂坠落的故事将这一观念制度化。亚当与夏娃被逐出伊甸园，不仅给世界带来罪孽，而且让追求幸福成为必然。

但是，有些精神病学家和神经学家，对幸福的看法更为玩世不恭。他们认为幸福不过是一种生理反应，是身体化学的产物，是神经递质[①]激发的结果。这种观点引起了一场辩论，主题是由百忧解[②]等药物引起的幸福感是否是真的。如果两种情绪感觉起来是一样的，而且有着同样的化学源头，那么这两种情绪就真的是一样的吗？幸福就是这个？我们该抛弃这个看法吗？

---

① 有时简称"递质"，是在神经元、肌细胞或感受器间的化学突触中充当信使作用的特殊分子。——编者注
② Prozac，一种口服抗抑郁药。——编者注

　　大多数研究幸福的人，不管支持哪种取向，都认为幸福不是常客，只会偶尔眷顾我们。然而有不少人，如果被问到他们是否幸福，他们会说自己基本上是幸福的——幸福感时强时弱。或许，我们应该把幸福比做多云天的太阳，尽管它只能偶尔露个脸，但是我们知道它一直在那里。而且，如果我们去追逐太阳，它就会远离我们。尽管这可能很挫败，但是它让我们有了奋斗目标。

　　讽刺的是，偶尔出现、不是常态，正好是幸福的一个优点。一直处于幸福状态，往好了说是单调，往坏了说是噩梦（就像一直处于高潮状态一样）。实际上，声称自己一直很幸福的人可能会被精神病学家、心理治疗师或精神分析学家诊断为轻度躁狂，或者遭到他们的驳斥。换句话说，他们幸福过度了。有起有伏才能让我们的体验显得真实可信，有黑暗才能衬托光明。正如但丁在《地狱篇》所说的那样："没有什么比痛苦时怀念幸福更悲伤了。"我们很多人发现，没有痛苦就没有快乐，就像没有悲伤就没有欣喜一样。卡尔·荣格也有同感，他说："即使幸福的生活也不能没有阴暗的笔触，没有'悲哀'提供平衡，'幸福'一词就会失去意义。耐心镇静地接受世事变迁，是最好的处事之道。"没有地狱的天堂是不可想象的。我们需要两极，我们需要对比。但丁在地狱逗留了那么久，而很快穿过天堂，是有充分理由的。

　　论证了幸福的无形和短暂之外，我们还能说些其他的吗？幸福的组成成分是什么？我们不能明确回答这个问题，因为幸福对不同的人而言意味着不同的东西。幸福是种非常主观的体验；幸福是什么（或者应该是什么），我们都有各自的一套想法。有些人用"幸福"标签描述他们不再遭受欲望折磨的状态（尽管不是每个愿望都实现了）。另外一些人说到"幸福"时，指的是和记忆里某个特殊时刻联系在一起的感受，这个特殊时刻，可以是慈爱的父母冲他微笑，可以是在学校获得好成绩，可以是初恋，可以是有了第一个孩子，可以是家庭团圆，可以是朋友聚会……有着科学取向的人，把"幸福"描述成总体上对生活满意，没有消极情绪，没有心理烦恼，生活有目的，觉得自己在成长。然而，所有这些定义，都有一个关键的成分，那就是积极的心态。

积极心理学

心理学甚至有一个年轻的分支，专门研究促进个体和群体成功的动力和特质，就是积极心理学，或者说是有关幸福的科学。积极心理学运动的一个领军人物是马丁·赛利格曼。1998 年，赛利格曼当选为美国心理协会主席，他在就职演说中说，心理学家应该改变焦点，不再关注那些负面经验，而要研究那些一切进展顺利的人。

我们可以把积极心理学看成追求人类最佳功能状态（optimal human functioning）的科学，它的目的是探索个体如何获得积极的安适感、归属感、意义感，以及个体如何找到生活的目标。它认为心理学家不该关注过去极端错误的生活，而是应该关注未来一切进展顺利的生活。

这门学科的信徒认为，心理学家对抑郁的了解已经很透彻了，但是几乎没有花时间探索幸福生活的秘诀。积极的情绪（欣喜、得意、满足、自豪、依恋、幸福）应该和消极的情绪（内疚、羞耻、悲伤、焦虑、恐惧、轻蔑、愤怒、压力、抑郁以及嫉妒）一样，得到很多关注。他们认为焦点应该从心理疾病转为心理健康。这样，精神分析师曾经允诺将人类的极端痛苦转化成平常的苦恼，而积极心理学家则允诺将人类的轻度快乐转化成强烈的安适感。而且，根据积极心理学的倡导者的说法，研究人们的安适状态也为预防疾病、促进健康开了一扇门。他们认为人类身上有很多力量可以作为抵御和减轻心理疾病的缓冲器，包括勇气、乐观主义、人际交往技能、职业道德、希望、智慧、创造力、诚信，以及快速复原力。

就像凝思消极事件会导致抑郁一样，凝思积极事件有助于振作。你如何看待一件事情，比事情的真相更重要。按照积极心理学家的说法，要想真正地幸福，我们要将目光放在有意义的、高品质的生活上。为了实现这一点，我们要明确自己的签名优势（signature strengths）——我们真正擅长的事情——这个签名优势可以是任何东西，比如坚韧，比如领导力，比如喜欢学习。

然而，有些批评家认为，积极心理学具有文化特异性，尤其适合强调独立自主、张扬个性的美国文化。另外一些人则批评说，积极心理学不是什么新东西，只不过是早期积极思考运动的变身罢了。另外，还有人指控积极心理学家忽略了一个事实，那就是：抑郁的人，甚至是仅仅不开心的人，确实有实际的问题需要处理。甚至有人认为，积极心理学像一门宗教，没有多少科学研究支持其主张。

不管积极心理学激起了什么样的批评，有关人类最佳功能状态的研究还是值得看一看的，创建一个专门的领域关注人类的优

势和美德还是有意义的。我们应该多关注一下：自主（autonomy）
和自我调节（self-regulation）有什么作用，乐观主义和希望对健
康有什么影响，怎样激发创造力等等。

第14章 幸福等式

世界上有三种谎言：谎言、该死的谎言和统计数字。

马克·吐温，美国作家

最好的做法，是让最多的人获得最大的幸福。

弗朗西斯·哈奇森，亚当·斯密的老师

人们之所以如此难以开心起来，是因为他们容易美化过去、丑化现在、忧虑将来。

马塞尔·帕尼奥尔，法国剧作家

如果你无法说服他们的话，忽悠一下就好。

哈里·杜鲁门，美国前总统

撇开定义的问题不谈，我们多数人都同意，幸福并不容易获得。当我问人们他们是否幸福时，他们经常避而不答，或者给出自相矛盾的答案。然而，很多人说自己的生活非常不幸福。很少为世界加油喝彩的哲学家就是这种人。亨利·梭罗相信"大多数人都生活在平静的绝望中"，而让·德·拉布吕耶尔宣称"大多数人用让自己晚年不幸福的方式，度过自己最好的年华"。辞典编纂者塞缪尔·约翰逊也绝不是乐观主义者，他说"人类生活有很多苦难要忍受，很少快乐可享受"。精神病学家托马斯·萨斯更悲观，他说："幸福是想象中的东西。从前，生者认为死者幸福；现在，小孩认为大人幸福，大人认为小孩幸福。"电影大师兼作家伍迪·艾伦则用轻松的语气表达出自己的悲观："人类站在十字路口，一条通往绝望的深渊，另一条则通往毁灭。这个抉择比历史上任何一个抉择都艰难，让我们一起祈祷，希望我们有做出正确决定的智慧。"

他们说出这么黯淡的话语，是否正确？还是他们的言论只是代表了少数几人灰色的世界观？或者作家、艺术家以及精神病学家天生就更悲观？也许是的。然而，有关幸福感的调查得出的结果还是比较乐观的，为数不少的人觉得自己是幸福的。很多研究者在不同的国家、不同的亚文化中进行过调查，大多数受调查者在生活满意度量表上的得分远远高于中间分。换句话说，总体上，他们认为自己是幸福的，而非不幸福的。

当然，我们总是可以质疑这类研究的结果，因为它们是自我报告式的。很多因素，无意识的以及有意识的，会影响自我报告的反应，造成反应偏向。例如，"社会称许性因素"（social desirability factor）——人们有种渴望得到同侪认可的倾向——可能会让受调查者夸大自己的幸福感。所以，当人们说他们幸福时，质疑他们是否真的幸福，是有道理的。关注这一问题的研究者大体上都发现，当以家人或者密友的评价作为效标[①]时，自我报告式的幸福感和效标并不一致。然而，在我自己有关心境（mood state）的研究中，我发现，很大一部分人极其擅长在亲近的人面前掩饰自己的情绪，不管是在工作中还是在家庭中。

为了生存而幸福

将对自我报告的疑虑放在一边不谈，我们会问，为什么结果如此之好？为什么人们更愿意选择幸福而非不幸福，即使他们生活艰难？从根本上说，这也许是种生存机制（survival mechanism）。如果我们这个物种要生存下去，就要避免消极情绪引起的退缩和冷漠。自我闭塞并不是有效的方式，不利于我们照顾自己、供养家庭、为社会服务。因为我们是社会动物，我们与他人之间的关系对于构建和维护社会体系而言是非常重要的。当人们能够走出自己的世界、与他人进行社会交往时，人类世界运行得最好。一根筷子易折断，十根筷子折不弯。考虑到生活中要应对各种困难，一伙、一群、一个氏族、一个部落、一个国家，远远比一个单独的个体有效。

1999 年，我在中非雨林度过了一段时间，和俾格米人一起狩猎。俾格米是一个相对原始的部落。和他们相处的期间，我逐渐发现，他们这个民族的成功很大程度上取决于他们对生活的积极

---

① 所谓效标指的是衡量测验有效性的外在标准，通常是指我们所要预测的行为。——编者注

态度。俾格米人为了生存而彼此依赖——他们一起打猎，一起采集树根和水果，一起建造栖身处，照顾彼此的孩子。所有这些活动都在嬉笑打闹中进行，反映了他们建设性的、乐观的生活态度。据我观察，俾格米人是个快乐的民族。他们有个诀窍，能用一种积极的方式重构经验。而且，他们喜欢笑、喜欢唱。在我们的打猎小组里，玩笑和笑声是解决成员间冲突最常见的方式。俾格米人愿意表达他们的积极情绪（并且毫不掩饰地陶醉其中），使得他们生活各方面的矛盾都容易解决得多。实际上，我很快发现，一个安静的俾格米营地——一个没有快乐表现的营地——是一个有问题的营地。

有些社会心理学家用"波丽安娜原则"（Pollyanna Principle，以一本童话书中个性阳光的女主角的名字命名，意思是乐观原则）来描述人类加工愉快信息的效率比不愉快信息的效率更高的倾向。法国短语"la vie en rose"（意思是，透过玫瑰色的眼镜看世界）是对这一倾向的简洁描述。在与来访者的第一次谈话中，当我询问他们的过去时，他们经常描绘出一幅田园诗般的童年画面。但是，当我深入挖掘时，这幅画面就会迅速破碎，暴露出现实。愤世嫉俗的人说："过去的时光之所以美好，只不过是因为人们记忆力差。"

幸福的相关因素

非常有意思的是，来自双胞胎研究的证据表明，我们称作幸福的主观安适状态似乎是遗传的。换句话说，幸福的能力似乎含有基因成分，尽管人们对其多大程度上是遗传的估计不一（最高大约 50%）。不管真实的百分比到底如何，目前的看法是，先天秉性（特质及气质）预先决定了人们的幸福程度。这个遗传因素可以解释：为什么很多人整个一生中，幸福基线相对稳定（在基线的基础上，幸福感每天会发生变化，甚至每小时都会发生变化）。我们与生俱来的气质似乎在幸福等式里发挥着重要作用。

法国作家弗朗索瓦·德·拉罗什富科没有经过科学研究，也得出了同样的结论，他说："幸福和痛苦，一半取决于气质，一半取决于运气。"这是否意味着，我们也许应该放弃改善心态的努力？幸运的是，答案是否定的，生活没有那么宿命。因为没有专门的幸福基因，遗传只是影响幸福的一个因素。也许我们的某些特质是天生的，正如我以前说过的那样，但是这些特质并非一成不变。我们的成长经验和当前生活状态，对我们的心境也有很大的影响。大多数研究这一课题的学者（包括遗传学家）都认可，生活环境对主观安适感有影响。我们如何感受、思考、表现和行动，更大程度上取决于后天教养以及社会文化环境。换句话说，幸福还是不幸福，一方面有遗传的作用，一方面也是习得的。很多周边因素（contextual factor）影响着我们的幸福感。

研究不仅表明幸福有遗传成分，而且还表明金钱买不来幸福。正如我在第 2 篇中所探讨的那样，有钱人不一定比不那么有钱的人幸福，要想幸福，不一定非得有钱有名。但是，幸福感和收入无关的说法，仅适用于那些基本需求得到满足的人。对于那些吃了上顿愁下顿、为生活劳碌奔波的人来说，幸福感和收入之间似乎还是存在正相关的。然而，收入较低时收入增长所带来的幸福感的增加，远大于收入较高时收入增长所带来的幸福感的增加。不管处于哪种水平，起作用的不是绝对富有水平，而是个人感知到的富有水平。渴望买得起的，不奢望买不起的，才会觉得富有。我们所有人在某种程度上都是富有的，只要我们不去追求自己所奢望的，而是满足于自己所拥有的。

此外，幸福和社会地位、教育水平有着轻微的正相关，也许是因为社会地位、教育水平越高，收入往往越高。工作状态、工作满意度和幸福感有着更强的正相关。在工作年龄没有工作的人，比那些有工作的人更痛苦。大量研究表明，失业能造成很多心理障碍，从冷漠、易怒到各种身体压力症状（somatic stress symptom）。然而，这些研究也表明，在正常年龄退休的人比那些达到退休年龄仍然工作的人更幸福（不包括那些对工作感兴趣、能从工作中获得极大满足感的人，也不包括那些怀念先前工作中的挑战的人）。

年轻还是年老对幸福等式也没什么影响。自我报告的幸福感没有显示出哪个年龄段特别幸福。童年生活幸福，长大之后一般也会幸福；成年生活幸福，一般也有幸福的童年。我们不断提到的伯特兰·罗素，他的经历就是一个例子。随着生活的继续，罗素似乎越来越幸福。有些人童年生活幸福，长大之后却变得神经质、不幸福；而许多童年生活不幸福的人，会随着生活的展开，变得幸福起来。随着年龄的增长，我们的幸福感不一定下降，但是我们更平和了，情绪大起大落的情况较少出现了，换句话说，我们的幸福感稳定了。

和年龄一样，性别对幸福也没有多大影响。性别不同，幸福感的起伏变化情况有所不同——女人波动更大，不管是积极情绪、消极情绪还是心境——但是，幸福感的平均水平是相同的。然而，男人和女人不幸福的具体表现有所不同。例如，女人患抑郁症的可能性是男人的两倍，而男人比女人更容易表现出反社会行为或者酗酒。

在幸福方面，人们似乎具有很大的弹性。社会科学研究指出，我们能很快适应新环境。客观生活环境对心境的影响是暂时的，几乎没有什么长期影响。幸福感的极端波动，会被习惯化过程（process of habituation）中和，让我们回到典型的心境状态。

举个例子说明一下。当我夏天在法国南部的房子里每天吃一个桃子时，我很享受，但是这种暂时快乐和当我在帕米尔高原或阿尔泰山徒步旅行时，意外发现背包里有个桃子时所体验到的暂时快乐不是一个水平。当我坐在山顶，精疲力竭、四肢酸痛、口干舌燥之时，我经常会幻想那些桃子。但是，随着需求进一步得到满足，我们所获得的快乐感越来越少。

引入边际效用理论的现代经济学鼻祖赫尔曼·海因里希·戈森，他非常理解这一现象。他在他的"第一定律"里说，放入嘴里的第一颗草莓比接下来的草莓所带来的满足感要大得多。我们都知道这一点，因为我们都有这样的体验：早晨的第二杯茶或咖啡绝对没有第一杯香；吃草莓时，吃呀吃，吃腻之后，继续吃下去的话，我们就体验不到那么强烈的满足感了。曾经刻骨铭心的高峰体验悄悄溜走了。要想获得同样的体验，需要寻求新的刺激。幸运的是，有些体验——吃草莓、吃顿大餐、做爱——经过一段时间之后，会再次变得令人兴奋。欲望能够自行复苏。

　　人类这一快速适应新的存在状态、回到情绪的典型基线水平的倾向，被称为"享乐均衡"（hedonic equilibrium）。有些社会科学家则使用更消极的标签"快乐踏车或享乐适应症"（hedonic treadmill）指代我们适应环境的变化达到中性情绪状态的倾向。研究者早就认识到，人们改善生活环境之后，满意度只会暂时提高一下，然后很快恢复到原先的状态，最初的兴奋让位给完全的冷漠。例如，赢得百万美元彩票大奖的人——经过短暂的狂喜之后——很快反弹到即时幸福（moment-to-moment happiness）的常态。不管我们为何而幸福，人格在我们回到情绪均衡的原始状态这一过程中发挥着重要作用。

　　既然幸福可以让我们腻味，我们也许会问，身处天堂的人真的幸福吗？神学家尽管经常花费很多笔墨描写地狱，但是几乎没有描写天堂。这也许是因为天堂描写起来应该很单调——幸福、幸福，除了幸福还是幸福。天堂里没有什么活动是真的令人兴奋的，如果兴奋是一种罪的话。

　　尽管我们有些人可能觉得难以想象，但是甚至遭受厄运严重打击的人也能发现幸福。研究表明，经历过极端压力情境的人往往远远没有别人把他们说成的那样痛苦。很多重大灾难的受害者几乎要为自己没有外界想象的那样悲痛感到抱歉了。弗兰克·里德（Frank Reed），20 世纪 80 年代晚期在黎巴嫩遭到绑架，被挟持了 44 个月，获救后，他在 1 个月内体重恢复了 20 磅，在绑架期间患上的严重失眠症也好了。当被问到为什么他经受住了严酷的考验并恢复得这么快时，他说这要归功于他的"情绪均衡"。他告诉记者："我绝不是个情绪大起大落的人……我之所以能撑下来，也许就是因为这个。"

很多人身体严重残疾之后，仍能重建生活、发现新的幸福点。电影明星克里斯托弗·旦夫（因扮演超人而出名），也许就是这种转变最有名的一个例子。他于一次事故之后高位截瘫，变得非常抑郁，甚至有过自杀念头，但他还是挺了过来，找到了新的生命意义——幸福——成为半身不遂人士的代言人。"前面还有多年美好时光，"事故之后他说，"你的唯一限制就是那些你自己设置的限制。"

调查研究表明，幸福的人通常具有这样的特点：已婚，不属于少数民族，具有积极的自尊，外向，觉得自己能掌控命运。他们很少过度关注事情不好的一面（他们更乐观），所生活的社会经济发达、政治稳定、公民享有政治自由，有知心朋友，拥有朝有价值的目标奋斗的资源。他们也许信仰某种宗教，建立了自己的社会网络，能从中获得社会支持（通过天主教堂、犹太教堂、清真寺、寺庙的聚会或其他聚会）。他们也许加入了某个社团（社交俱乐部、合唱团、球队或者其他运动社团），能从中获得类似的社会支持，还能度假，暂时避开日常事务。

当我们考虑相关因素时，因果关系的问题就会凸显出来。什么导致了什么？幸福和婚姻相关，是因为婚姻带给人幸福，还是因为幸福的人更可能找到结婚伴侣？这两个因素之间的交互作用是怎样的？重要的是外在的事件，还是我们内在的生活观——我们的世界观？总觉得自己不开心的人比别人更多地看到生活不好的一面，并用一种更悲观的方式来诠释生活？有关幸福与自尊、外向、个人控制、乐观的研究都指向这个方向。也许，幸福首先

是种心态——我们看世界的方式。换句话说，真正重要的是我们
如何对生活中的成败进行归因。

第 15 章　我们的世界观

通向幸福的道路只有一条：不要为那些无法左右的事情操心了。

伊壁鸠鲁

每个人都是自己命运的设计师。

阿庇乌斯·凯库斯，罗马雄辩家

小说家安东尼·鲍威尔这样描写过一个人物："他对自己一见钟情，然后一直死心塌地地爱着自己。"这个说法也许很诙谐，但自恋不再是遭人耻笑的事情。自恋带来的满足是短暂的，因为自我中心的人难以关注外界的事物，而对外界的关注是建立良好关系所必需的。伯特兰·罗素说我们应该"避免以自我为中心的情绪情感，培养阻止我们老是想着自己的情绪情感和兴趣爱好。大多数人天生不乐意待在监狱，而那些让我们闭塞自我的情绪情感是最糟的监狱之一"。他所列举的让我们不幸福的"情绪情感"有恐惧、嫉妒、竞争、罪恶感、自怜，以及自负。他赞同"幸福首先是种心态"的看法。极端的自我中心，就休想得到幸福。我们应该驱走折磨我们的幽灵。幸福的艺术就是让折磨我们的内部力量消失或者最小化。我们需要冲出自我设置的牢笼。有一句话说："你笑，全世界跟着你笑。"幸福就像春药，自己不服用几滴的话，就不能让别人服用。

我们不仅用自我中心囚禁自己，还会虐待自己（尽管没有多少人承认）。我们擅长让自己的生活变得不幸福。如果，正如研究发现所指出的那样，幸福很大程度上取决于我们的认知状况——我们如何解释环境并做出反应，那么，我们为什么要虐待自己呢？我们身上的幽灵来自哪里？

绝大多数情况下，我们是自己过去的囚徒。正如丹麦哲学家索伦·克尔凯郭尔曾经说过的那样："只有向后看才能理解生活；但要生活得好，则必须向前看。"影响我们行为的内心剧场，很大程度上取决于我们在哪种养育方式下长大。在易受影响的年纪，我们内化了养育者的行为方式，按照他们的样子塑造自己。

发展心理学家和认知心理学家已经表明，我们大部分的行为是习得的。证据就在于，当我们揭开那些幽灵的面具时，会发现熟悉的面孔。他们的告诫还在我们耳边回响："不要那样做！穿上夹克，否则你会感冒！如果你那样做，你会变成你叔叔那样，你知道他那些破事儿吧！不要听你朋友的——他的爸妈不是什么好东西！你的奶奶是菩萨心肠，而你的爷爷是个废物，你现在就像你爷爷一样！不要和那个女孩玩，她只会招三惹四！"小时候，我们内化了诸如此类的话语（既然我们按照父母的样子塑造自己）；长大后，这些话语会影响我们看待生活事件的方式。

我们很多人，最后成了自己父母的代理人，背负着巨大的心理负担。父母的影响阴魂不散，以羞耻感、内疚感、愤怒感、焦虑感、恐惧感以及悲哀感的形式折磨着我们。这些感觉驻扎在我们心底，影响着我们日后的生活。养育者的关键话语一直回响在我们耳边，影响着我们的生活观。

英国有句谚语说："幸福与否，完全取决于心态。"长大之后的人生观是幸福与否的关键，因为有着不同人生观的人，对同样的事件、同样的环境会做出十分不同的解释。面对同一挑战，有人把它当作机遇，有人把它视为威胁。为了阐释这一点，我要讲一个故事。

有个穷人，他一边穿过一片树林，一边想着自己所遇到的种种麻烦。途中，他停下休息，无意间靠上了一棵神奇的大树，任何碰触到这棵大树的人，都能实现自己的愿望。"噢，我真希望有杯喝的。"立即，他的手里出现了一杯凉水。他很吃惊，看了看水，确定没有问题后，喝了下去。然后，他意识到自己饿了。"再来点吃的就好了。"他又想。眨眼间，一堆食物出现在他面前。"我的愿望正在实现。"他不敢相信自己的眼睛。"好，那么，我希望有所漂亮的房子，属于我自己的。"他大声地说。一所房子立刻出现在他面前的草地上。他的脸上笑开了花，继续许愿，希望有几个仆人看管房子。仆人马上出现了，他意识到自己刚刚获得了一种不可思议的能力。于是他接着许愿，希望有个漂亮、忠诚、聪明的女人跟着自己享福——这个女人马上出现了。"等一下，这很荒谬，"他对女人说，"我不可能那么幸运，不会遇上这样的好事。"当他这么说的时候，一切都消失了。他摇了摇头说："我就知道。"然后，他走开了，继续想着他所遇到的种种麻烦。

这个故事再次强调了世界观在幸福等式里的作用。如果我们指望别人让我们幸福，我们只能不断失望。我们需要采取主动。自怜不会带来幸福，放弃也不会。很多人，他们想让自己有多幸福，他们就有多幸福。重要的是我们如何看待成败。我们过于关注自己无法做到的事情吗？如果我们失败了，我们会怪罪别人吗？还是，我们告诉自己我们能够有所作为？下面，我们看看世界观和幸福有哪些具体的联系。

内控与外控

心理学家有时会将看世界的方式区分为两种。他们根据行为导向的不同，将人分为两种。极端内控的人，认为自己什么都能做，认为一切皆有可能，认为自己的生活在自己的掌控之下。内控的人，将事件归因于自己，认为自己能掌控命运。他们往往很主动，而且具有企业家精神。相比之下，极端外控的人则认为自己是环境的牺牲品，任何事情的发生都是缘于机遇或者命运。外控的人甚至还没有开始就已经放弃；他们认为自己什么事都做不成。他们更被动，缺乏个人效能感。他们做事情经常以放弃告终，因为他们认为自己天生是个失败的人，于是完全被动等待——这样只会与幸福失之交臂。

有人在实验室研究中，对狗或老鼠实施电击，这些动物无法逃避电击，最终变得意志瘫痪、麻木不仁。简而言之，它们放弃了。即使换到新的环境，它们也不会自救，因为它们认为不管做什么都没有用。这种现象叫习得性无助（learned helplessness）。和研究中的这些动物一样，人类在极端环境下，比如集中营里，经常会失去希望。他们的经验告诉他们，不管做什么都没有用。这些动物实验表明，我们的世界观是习得的。

我见过很多组织中的习得性无助情形。下面我以某个公司为例说明一下。这个公司多年来一直由一个保守、专制的领导主持着，这个领导喜欢集权，什么事都要过问一下。没有他的明确允许，下属不得采取行动；每个决策都必须经过他的同意。最终，这个公司被一个全球公司兼并，这个全球公司有着十分不同的管理模式。新的执行官们接手这家公司后，试图通过"授权"、"敢担当责任"、"企业家精神"等字眼在原公司员工中间宣传新的企业文化。尽管他们如此鼓励变革——引入更多的现代管理方法——但是结果什么都没变。员工们还是保持原先的习惯，上级不发话就不行动，所有的决策都仰赖上级。尽管处于新的环境之下，员工们还是固守在原有的依赖模式之中。他们不知道怎样换一种眼光看待经营管理。面对新公司的期待，有些员工如此不知所措，最终主动离开了公司。另外一些人，因为工作效率低下，被请辞了。于是，公司出现了严重的士气问题。

这种混乱持续了一段时间。然而，渐渐的，在新进人员的帮助下，大多数留下的员工开始改变自己的观念。他们发现，独立做决定不会受到惩罚，新的领导说"员工有权自己采取行动"是算数的。他们发现，冒险尝试新做法的人得到了奖赏而不是惩罚，即使他们的试验并不成功。然而，留下来的员工完全摆脱习得性无助还是花了一段时间的。原先的 CEO 给了他们太多的"电击"，让他们不相信自己能控制自己的生活了。就像实验室研究中的狗和老鼠一样，他们不会采取主动。

这样，与外控的人相比，内控的人的生活态度更主动，更可能体验到幸福。控制感——即使是想象出的控制感——通常对心理健康有着积极作用，而且能够缓冲压力。控制感丧失——觉得做什么都是徒劳——会让人觉得无助，而心理学家普遍认为无助感会导致抑郁及其他精神障碍。

我们从这个例子中获得的启示是：如果我们想要幸福，就需要积极主动。我们需要效仿内控的人，相信自己能起作用。如果由别人写脚本——外控的人的世界就是这样的——我们就不是真正地活着，只是在扮演一个角色。坐下等待奇迹的话，我们什么都做不成；说出自己的目标并付诸行动，我们的生活才能获得意义和满足。我们需要听从自己的判决。我们需要告诉自己：我们不是环境的奴隶，我们是自己的主人。

乐观与悲观

幸福与人格的关系，在乐观这一维度也有所体现。乐观主义也能很好地抵抗忧愁，心理学家早就知道这一点了。我们是把杯子看成半满的还是半空的？我们是积极心理学的倡导者还是比较愤世嫉俗？我们是乐观主义者还是悲观主义者？

乐观主义者认为我们生活的世界是最美好的，而悲观主义者则担心好景不长。乐观主义者总能看到事情好的一面，认为每次失败只是暂时的挫折。遇到困难时，他们视之为挑战，并努力去克服。他们对未来怀有美好的希望，认为只要付出努力，就能获得成功。而且，他们认为别人对自己有着正面的看法。积极心理学甚至认为乐观是可以学习的，认为我们能教会自己把半空的杯子看成半满的。

有着积极的生活态度，让乐观主义者从定义上来说比悲观主义者更幸福。而且——这也是积极心理学所强调的一点——乐观能带来好结果：想法积极的人，更可能碰上好事。他们能更好地应对压力事件，身体更健康，事业更成功。更重要的是，他们的乐观是能传染的。一个人的积极想法能激起另外一个人的积极想法。

相比之下，悲观主义者看待任何事情都很消极。遗憾的是，悲观也能成为自我实现预言。悲观主义者可能因为自己的消极态度而招人厌烦，这会进一步强化他们的消极心态。乐观主义者建造自己的天堂，享受其中；悲观主义者设计自己的地狱，自我折磨。因为相信坏事无法避免、持续存在，所以他们很容易放弃希望。他们觉得无力改变生活中遇到的任何事情。

当然，任何一种生活观都要把握好度。太过乐观——有些人确实如此——会导致自欺欺人、自我挫败的举动；而太过悲观则会导致意志瘫痪。如果我们想拿捏恰当，就要区分哪些事情是我们能够控制的，而哪些事情是我们不能控制的，这也是健康的乐观主义所强调的一点。

如果我们缺乏那种能力——如果我们是有着悲观导向的外控者——我们就容易出现认知扭曲（cognitive distortions）。正如我们先前看到的一样，认知扭曲通常是习得的；在我们易受影响的年纪，养育者灌输给我们一些观念，认知扭曲就是这些观念的遗留物。认知扭曲的表现就是，容易把任何事情看成不是黑的就是白的，夸大或者缩小事件，草率下结论，喜欢"贴标签"（对问题不作具体分析，只根据教条对人或事物生搬硬套地加上一个名目）。

当我与一些悲观主义的执行官合作时，我试着帮助他们重构自己看待生活和某些特殊境况的方式，鼓励他们作出小的努力来实现改变，哪怕事情看起来超出了他们的控制。我鼓励他们将挫折看成是挑战，并作出更多努力而不是放弃。我的信条是——一个有据可依的信条——就跟我们可以"想出"失败和绝望之路一样，我们也可以"想出"成功和幸福之路。乐观是无助最好的解药，它使得我们能从挫败中振作起来。

外向与内向

除了乐观与悲观、内控与外控以外，外向与内向也对幸福有影响。与内向的人相比，外向的人往往对环境更敏感。因为他们对环境里的积极情绪反应更强烈、更肯定，所以他们似乎认为幸福是比较容易的事情。

外向与内向与幸福之间还有进一步的间接联系。与内向的人相比，外向的人更喜欢也更擅长与人打交道。因为社会要求人们多与人打交道，所以外向的人能更好地适应社会。而且，因为外向的人在社交情境下更自在，所以他们会参与更多的社交活动。所以，一般说来，好交际的、外向的人生活满意度更高。正如作家奥尔德斯·赫胥黎曾经说过的那样："幸福不是刻意追求来的，而通常是你从事某个活动的副产品。"

高自尊与低自尊

世界观的另外一个要素就是自尊感。为了让幸福眷顾我们，我们需要对自己持有积极的看法，接纳自己、尊重自己。确实，幸福最好的指示计之一就是我们看自己有多顺眼。喜欢自己的人觉得容易对别人敞开心扉。自我暴露、双向交流，通常有助于与人建立关系。坦诚沟通的人拥有更广的社会网络、更多的社会支持，他们更常参与社会活动并从中获得更多的满足。

另一方面，低自尊的人更可能表现出社会退缩行为、自我中心行为、自我闭塞行为。高自尊的人认为自己是生活的主人，觉得自己是重要的，而低自尊的人往往迁怒于别人，或者表现出其他防卫行为。低自尊和心理疾病——尤其是抑郁——之间存在强烈的相关。

说到这，我们又要回到先天与后天的问题。高自尊、外向、乐观、外控很大程度上来自遗传——也就是，是老天安排好的——还是，我们有改变自己命运的机会？幸运的是，正如我们先前看到的那样，人格不是100%由遗传决定的，我们还有很大的发挥空间。我们应该把成年时期的人格看作先天因素和后天因素共同作用的结果。尽管遗传因素影响强大，但是——正如神经心理学的研究所表明的那样——环境因素也有很大的作用余地，一些生活经历也会改变人格。我们确实拥有改变自己命运的力量，只要我们确实希望这样做。提醒自己关注生活中的如意事件而非不如意事件，我们也许能够建立对抗烦恼的缓冲区，能够更好地应对在生活中遭受到的打击。

第 16 章　解构幸福

这不是在乌托邦——不是在隐蔽的地方——不是在秘密的岛屿，

天知道在哪里！

但是，就是在这个世界，

我们所有人的世界——最终在这里，

我们将找到幸福，

或一无所得！

威廉·华兹华斯，英国浪漫主义诗人

人生苦短，及时行乐。

中国谚语

有些人的到来给大家带来快乐；有些人的离去给大家带来快乐。

奥斯卡·王尔德

中国有句古话说，幸福包括三样东西：有人可爱，有事可做，有梦可追。这一说法很有道理。生活中要有爱、有希望，还要有所事事。西格蒙德·弗洛伊德也有类似的想法，在他看来，心理健康的两大要素就是爱的能力和工作能力。不幸的是，因为弗洛伊德是工作狂，所以他不知道玩耍也是人类天性的一个必要部分。我们天生好奇、喜欢探索，从试验、尝试新东西的小孩子身上，我们就可以看到这一点。感觉工作就像玩耍的人，确实非常幸运。

下面，仔细看看中国谚语里所说的三样东西：有人可爱，有事可做，有梦可追。

有人可爱

我们所有人都需要有人可爱，我们对这个人怀有亲密感，信赖这个人。我们经历的第一个亲密关系是与父母的关系（如果我们不是那么不幸的话）。后来，其他家庭成员加入进来：爷爷奶奶、兄弟姐妹，或许还有叔叔婶婶、舅舅舅妈、姨父姨母、堂兄弟姐妹、表兄弟姐妹等等。随着年龄的增长，我们还有朋友、配偶以及孩子。和这些人待在一起是幸福等式的重要部分。

幸福需要与人分享。它就像拥抱：对我们许多人而言，享受拥抱的最佳方式就是与人拥抱，也就是拥抱彼此，而不是拥抱自己。实际上，与人分享幸福，幸福就会加倍；私藏幸福，幸福就什么也不是。幸福的秘诀就是能从别人的快乐中找到快乐，就是想让别人幸福。为了体验真正的幸福，我们需要忘掉自己，因为自我中心和幸福是水火不容的。我们需要慷慨而不是自私，我们需要关心他人。我们很多人都有这样的经历：当我们把阳光带到别人的生活之中时，我们也能收获灿烂。即使最不起眼的事情也能制造幸福——一个微笑，一个拥抱，一句发自肺腑的"谢谢"。这些细小的举动，能让给予者和接受者都觉得欣喜。

真正的幸福之所以往往只能通过分享获得（正如我在第1篇中探讨过的那样），是因为人类需要深层的连接。自出生以后，我们就与他人发生千丝万缕的联系。我以前也提到过，社会网络对心理健康来说是非常关键的。依恋需求是人类的基本需求之一。我们非常喜欢通过与母亲或者其他养育者建立依恋关系来获得安全感。正如我在讨论依恋时所提到的那样，很多压力和烦恼，比如焦虑、愤怒以及抑郁，是不情愿的分离或者丧失的结果。

人类天生具有关系需求，人类的人性在与他人的关系中得以体现，在作为某个群体的一部分时得以体现。没有人能在孤岛上独自生存，鲁滨逊·克鲁索只是小说中的虚构人物。依恋需求不仅指希望与他人保持亲密关系，也指能从分享与肯定中获得快乐。如果依恋的对象扩大到一个群体，依恋需求就变成归属需求。依恋和归属都能通过肯定个体的自我价值、提高个体的自尊而起到稳定情绪的作用，有密友、有爱人、归属于某个群体，是作为人所必需的。它们不仅是心理健康的关键，也是幸福的关键。

记住，孤独和寂寞不是一回事。孤独是独处的状态，而寂寞是一种感觉。寂寞是无奈的自我空虚，意味着不会与人打交道，没有能力打破孤独的状态，欠缺社交技巧。更糟的是，寂寞会自行延续下去：不会与人打交道的人，是没有希望走出寂寞的。而且，正如有句摩尔谚语所说的那样："孤独地活着，不如和别人一起死去。"

最强烈的亲密关系是伴侣之间的亲密关系。正如我先前讨论过的那样，人们能从真正的亲密关系中获得最大的满足。婚恋关系能带来极其强烈的感觉，包括幸福感。对很多人而言，真正地爱一次会留下很多幸福的回忆，人到暮年，这些回忆依旧历历在目。

研究家庭动力学的人已经表明，夫妻花多少时间共处——相伴程度——决定了婚姻幸福度以及总体幸福度。弗里德里希·尼采曾经说过："最好的朋友是最佳的妻子人选，因为良好的婚姻要以友谊为基础。"当我们在身体上和心理上体验到真实的亲密感时，我们就会不断壮大。这种强烈的亲密关系有助于我们发展和成长，因为它可以作为我们更好地认识自己、理解他人的基地。生养孩子是个人发展和成长的一部分。孩子是重要的幸福源泉，因为孩子是催化剂，可以帮助父母转变生活观，让父母从以自我为中心变得更加成熟、顾及他人。孩子让父母知道，付出比得到更加令人幸福。所以，养育孩子是很好的成长体验，有助于个体获得幸福。

不仅长久伴侣关系之中的美好记忆可以作为生活压力的缓冲器，而且伴侣也可以充当主要的情绪容器，帮助彼此克服冲突和焦虑。如果婚姻里的双方互相依恋、互相信任，那么他们可以充当彼此的情绪容器或知己。尽管最好的选择是有个相爱的伴侣，但是情绪容器或知己的角色也可以由密友来充当。对很多人而言，有好朋友的陪伴就会感到真正的幸福。

艰难的时候，我们能从朋友那里获得很多安慰。因为朋友能够帮助我们克服生活中的困难，帮助我们营造幸福时光。朋友也可以作为某种辅助记忆库，帮助我们储存我们的经历和故事，包括那些我们忘掉的幸福回忆。朋友也有利于身体健康：研究表明，有个可信赖的人帮你减轻压力，似乎能增强免疫系统、延年益寿。诉说心底的秘密——进行自我暴露——具有很强的疾病预防作用。西格蒙德·弗洛伊德刚开始尝试精神分析时，鼓励人们谈论任何进入意识的东西（未被日常生活中的习俗规范屏蔽掉的东西），并把这一过程称作"谈话疗法"（talking cure）。

不幸的是，友谊并不是轻易能够得到的。友谊不是那种能在商店里买到的东西，也不是那种许下愿望、打个响指就能出现的东西。建立友谊——包括伴侣关系——需要苦功和决心。在这一过程中，我们要努力理解、帮助对方，牺牲部分自我。如果我们只考虑自己——如果我们过于自恋——就很难建立真正的友谊。

大多数友谊的地基是在生命的早期打下的，比如童年时期、中学时期、大学时期。年轻时发展友谊很容易，以致我们视之为当然而不予重视。但是维持友谊是另外一回事，绝不是自动的。让友谊之树苗壮成长、根深叶茂、万年长青，是个极其精细的任务，需要花费大量心思。友谊就像脆弱的婴儿，需要呵护、培养，甚至牺牲。维持友谊需要彼此忠诚、彼此挚爱、互相感应，在对方需要的时候能够随时提供帮助。这些努力也是有回报的：有个朋友，意味着随时可以向其诉说、获得理解、得到帮助。有句警言是这么说的：看一个人选择什么人做朋友，可以看出这个人的性格。

当我们长大时，友谊会发生什么变化？早期建立的感情依然深厚吗，还是渐渐和曾经的朋友失去了联系？对很多人而言，第二个问题的答案是确定的。尽管友谊往往非常短暂，但是当我们变老时，友谊会越来越重要。自中年以后，我们比以往更需要友谊了。但是，对我们很多人而言，长大后就很少有机会建立新的友谊了。我们不断失去旧朋友，又没有新朋友来补充，结果朋友越来越少。

我们失去朋友，有时是因为距离太远，有时是因为兴趣不同，有时是因为一方成长得比另一方快，有时是因为疏于联系。甚至婚姻也可以成为瓦解友谊的一个因素。如果夫妻感情深厚，那么其他人都会相形失色。另外，两性关系的排他性可能带来消极的情感，比如嫉妒。有人可能觉得爱人的朋友会带坏爱人，或者觉得爱人朋友的某些行为很烦人。如果你的爱人和朋友不能兼容，那么你就得做出艰难的选择。有了小孩——意味着要花大量时间和精力照看孩子——也会妨碍友谊。很多人有了孩子后，就会围着家庭转，无暇结交新朋友、顾及老朋友。

但是，并非所有的友谊都是我们故意终结的。当我们变老时，死神就成为常客，让我们的朋友圈不断缩小，而我们毫无办法。所有这些转变都说明我们需要主动维护友谊。塞缪尔·约翰逊曾经简洁地说过："如果一个人不去结交新朋友，很快就会发现自己变得形单影只。一个人应该经常维护友谊。"既然生命是川流不息的，我们就需要向前看，而不是只向后看。我们需要主动结交志同道合的人，对他们表示兴趣，而不是等着他们对我们表示兴趣。如果我们不努力建立新友谊，我们就会在年老时发现自己孑然一身，这种境况很悲惨。

　　重要的是，我们希望别人怎么对待自己，就要怎么对待亲近的人——伴侣、朋友、邻居以及同事。孔子有句劝诫："出门如见大宾，使民如承大祭。己所不欲，勿施于人。"一生之中，公平地对待他人，部分是因为我们希望受到公平的对待。我们对别人好，可能是因为我们也希望别人对我们好；另一方面，如果我们觉得亲朋好友对我们好是理所当然的，没有感恩之心，那么我们就会与他们疏远，与他们之间的关系就会恶化。

　　公平地对待别人——也就是，保证关系的互利性——需要我们能设身处地地为他人着想。这也是为什么十足自恋的人——没有同理心的人——难以建立真正的友谊。他们就是无法想象处在别人的位置自己会有什么感受。具有其他某种人格障碍的人——比如妄想狂、精神分裂者——也不该奢望友谊，因为他们有着类似的同理心问题。

　　人际关系中，同理心之所以如此重要，是因为生活就是一个社会交换过程，人们算计——尽管不一定是有意地——在每个关系里付出和得到多少。考虑到任何人际互动都秉持分配公正公平的原则，我们在一段关系里的投入和付出应该对等。

有事可做

　　《纽约客》里有幅漫画，画的是一个执行官下班回家，手提公文包，正要进屋。妻子期待地看着他，好像在问他今天过得怎么样。漫画对白是："今天怎么样啊？""嗯，和平常没有什么不同。

我爱了、我恨了、我笑了、我哭了。我受到了伤害，也伤害了别人。我交了朋友，也结下敌人。"

正如漫画所表明的那样，工作——幸福的第二大支柱——将个人和社会联系起来。工作让我们的生活有了目的，让我们的生命有了意义。这也是为什么工作是心理健康的关键。无所事事的人往往会不快乐。令人啼笑皆非的是，最辛苦的工作就是什么也不做。

无所事事的典型例子是奥勃洛莫夫。奥勃洛莫夫是19世纪俄国小说家伊万·贡恰罗夫（Ivan Goncharov）的同名悲剧小说中的主角，他被动、冷漠、懒惰，他的形象在今天仍有强大的象征意义。奥勃洛莫夫是性格发展迟滞的典型例子，是个除了吃喝拉撒睡之外什么也不做的家伙。由于个性被动、冷漠，他觉得活着和自杀都很有挑战性。奥勃洛莫夫从来没有真正地活过（或者说，没有按照我们认为有意义的方式活过）。他只是待在床上。（当然，有人也许会说，如果想规避风险，床是最佳的地方。然而，大多数人是死在床上的。）奥勃洛莫夫用白日梦和幻想代替行动，给读者一种"末日将至，徒劳无用"的感觉。尽管奥勃洛莫夫是个极端例子，但是，从他的身上我们可以看出，被动和懒惰将导致什么后果，而我们都有被动和懒惰的一面。然而，工作本身并不是答案，如果工作不能带来满足感，则同样会让人无精打采。正如文学家马克西姆·高尔基曾经说过的那样："工作是一种乐趣时，生活是一种享受。工作是一种义务时，生活则是一种苦役。"

生活中最大的奖赏之一就是，有机会做自己喜欢的事情，以及自己渴望去挑战的事情。不幸的是，我们太多人在太多时候，觉得工作是项苦差。工作场所就像集中营。尽管有些人是迫于经济压力而做自己觉得没有意思的工作，但我们许多人是可以去选择的。除非我们无法摆脱经济压力，否则我们需要剪掉无用的枝条、留下有用的枝条，集中精力做我们能做好的、让我们觉得没有白活的事情。

　　如果幸福是个目标，我们也应该寻找带给我们目的感的工作。如果我们觉得自己所做的事情是重要的，我们的生活就有更多的意义。让我们觉得自己在做贡献的工作，真正让我们沉浸其中的工作，要求我们完全投入的工作，是能给我们制造快乐、留下幸福回忆的工作，这些回忆可以支撑我们度过艰难的日子。如果我们工作时完全忘了时间，如果我们下班时不觉得疲倦，这些都是良好的迹象，说明我们所做的就是这种工作。德国有句谚语说："幸福的人，听不到钟声。"但是，有意义的工作再重要，也没有亲密的关系重要。连每天盼着下班的人，也会觉得和亲爱的家人、好友共度休闲时光时自己是多么幸福。

有梦可追

　　最后，我们的生活需要有盼头，我们需要有可为之奋斗的事情。不仅有意义的工作可以制造盼头，而且还有其他很多途径可以制造盼头。希望是人的境况至关重要的元素，它鞭策我们，鼓励我们探索和成长。当我们走完探索生命之旅，就会发现，人与人之间的本质区别就在于怀有哪些欲望——怀有哪些希望。所以，萌生与放弃希望的方式，是内心剧场的重要部分，是生命脚本的关键元素。

尽管我们往往认为希望是缥缈的，但是希望也能具体化。它有多种表现形式——一场新的恋爱、一个振奋人心的工作机会、一栋梦寐以求的房子、一次特别的旅行。每个人都有希望。希望和美好回忆一样，能帮助我们度过艰难时光。

希望让我们的生命之旅有了方向感——知道自己要往哪里去。实际上，没有希望，我们为什么要开启生命之旅？如果对前景失去信心，我们也许会停在我们并不想停下的地方。希望驱走忧愁和沮丧，提醒我们：层层乌云后面，太阳总是在那儿，即使我们看不见它。

生命之旅并非一帆风顺，心中怀有希望的人在遭遇不幸时能更好地应对。他们把每次挫折看成磨炼，认为没有过不去的坎。他们认为逆境终有尽头，始终斗志昂扬。他们不绝望，他们坚持到底，他们不会轻易放弃。

我们可以在梦想的框架下探讨希望。因为梦想赋予生命以意义，驱走空虚和绝望。没有梦想的生活和死亡没什么两样。然而，我们的梦想往往看起来很远，在阳光下盘旋，吸引着你又让你捉摸不到。梦想往往确实让你够不着。但是，即使我们永远实现不了梦想，我们仍然可以仰望梦想、相信梦想，并试着按照梦想的样子生活。梦想能鞭策我们走得更高更远。没有梦想，我们就像驾驶着由自动导航仪控制的飞机，生活失去了诗意和欢乐。

世界上最感人的演出，莫过于某人实现了大大的梦想。但是，为了能做梦，我们得相信自己。我们得相信：我们立志成为什么，我们就能成为什么。当我看向那些对世界产生重大影响的人物——伟大的梦想家，比如圣雄甘地、马丁·路德·金、特蕾莎修女，以及纳尔逊·曼德拉——我看到，尽管一路障碍重重，但是随着时间的推移，梦想会逐渐转变成现实。这些梦想家，设想运用崇高的方式创造更好的世界，然后一步一步地着手实现他们的梦想。

这些人的例子告诉我们，我们应该坚持少年时期的梦想，或者至少仍然愿意做梦——仰望星空——做成别人认为不可能做成的事情。"我们都在阴沟里，"奥斯卡·王尔德说，"但仍有人仰望星空。"

但是，梦想是娇弱的花朵，容易凋零。这也是为什么，我们很多人觉得难以和别人谈论或者分享自己的梦想。我们担心别人嘲笑我们、挖苦我们，把我们看作傻瓜。然而，我们还是需要冒一下险。如果我们敢于向我们最信任的人透露我们的梦想，他们也许能帮助我们实现梦想。即使我们最担心的事情发生了——别人嘲笑我们的梦想是多么愚蠢，我们也要义无反顾地去追求，因为幸福源于追求的过程。我们是自己宏伟蓝图的设计师。知道要往那个方向走并往这个方向努力时，我们是十分幸福的。梦想就是可能性，我们要运用所有的才智、精力和勇气去实现梦想。

不幸的是，梦想也有不好的一面。好高骛远对幸福的威胁，就跟没有梦想一样大。如果挑战一直超出我们的能力范围，我们就会不断受挫。如果现实（我们目前所处的位置）和理想（我们想要到达的位置，或者我们认为自己应该到达的位置）的差距过大，我们可能就会抑郁和烦恼。但是，如果我们不去操心那些超出我们意志力作用范围的事情，我们就会感到好得多。最好的办

法，就是将远大目标划分成一个一个容易操作的小目标，逐个去
实现。胸怀远大理想，但是享受每次阶段性成功的快乐。这样做，
我们就会有控制感，也能在实现梦想的途中不断庆祝小里程碑式
的成功。

例如，如果出版商让我写一本书，建议写成 300 页，这一任
务好像艰巨得令人生畏。但是，如果我把它分解成很多容易操作
的小任务，每天写 3 页，那么它就容易完成得多。每天写完 3 页，
我都会体验到完成任务的快乐感。在我还没有意识到的时候，书
就能交稿了，比预期要早。分解任务的话，一切皆有可能。不管
怎样，向梦想迈进的过程可能比实现梦想更加令人幸福。

没有梦想的人，会觉得没有方向感，于是随波逐流。有时，
只有强加到头上的挑战能挽救他们，比如一次威胁到生命的事故、
一场大病、一件惊心动魄的大事（比如战争）。尽管听起来很荒
谬，但是这类事件能让人获得新生，因为它们让人不得不用严肃
的眼光看待现实。经历过这种劫难的人，往往会重新定义哪些事
情应该优先考虑，修复与他人之间的关系裂痕，确认哪些事情是
有意义的并为之奋斗。这样，浪荡子有了新的开始，幸福也许会
随之而来。

我的一个学生向我生动地描述了他的一次经历。黎巴嫩内战
期间，他所住的宾馆发生了爆炸事件，他被埋在废墟下，几乎被
压扁了。之前，他一直是个非常迷茫、听天由命的浪荡子，但是
这次事件改变了他。当他还算安然无恙地从瓦砾中爬出来后，他
终于发自肺腑地认识到活着真好。他觉得自己仿佛获得了新生。
"重生"（引用心理学家威廉·詹姆斯的话说）之后，他重新定义

了哪些事情对自己而言最重要。他觉得自己获得了重新开始的机会，不想再浪费哪怕一丁点儿时间。他回到学校，完成医学学习，成为内科医生，后来又成为专业的艾滋病宣传员，大部分时间待在非洲实施预防项目。

即使我们有很强的自我效能感，追逐梦想也是一项令人生畏的艰巨任务。梦想可能看起来如此遥远，而我们的力量又是如此渺小。但是如果生活被划分成一个一个阶段，那么我们就能逐步实现自己的梦想。老子说过："千里之行，始于足下。"大事之所以能做成，都是从小事做起的。最初的努力可能看起来很琐碎，但是最终能成就大事。初期试探性的几步，能为我们指明正确的方向，并为余下的旅程奠定基础。

第 17 章　平衡工作与生活

我用咖啡匙子量走了我的生命。

T.S. 艾略特

我所梦想的就是平衡的艺术，就是纯洁和宁静，就是没有烦恼、没有麻烦……能够安抚心灵的东西，就像一张能够缓解身体疲劳的舒适的沙发。

亨利·马蒂斯，法国画家

人喜欢数烦恼，不喜欢数快乐。如果人也数数快乐的话，就会发现，每一份快乐都足以给人带来幸福。

费奥多·陀思妥耶夫斯基

幸福不是闹着玩儿的事。

理查德·惠特里，都柏林大主教

即使我们拥有爱人、工作满意、胸怀梦想，但如果我们无法平衡工作与生活，我们也不会幸福。达到平衡——这个目标似乎很简单，但是说起来容易做起来难。我们可能在工作场合遇到很大的压力，因为很多公司的企业文化都漠视家庭的重要性，所以那些压力不仅影响到员工本人，而且影响到员工的家人。在这些单纯的工作压力之外，我们往往还会自寻烦恼。我们会陷入职业发展的泥沼，比如，想方设法打倒竞争对手，让自己的职业发展迈上新台阶。而且，如果我们把幸福等同于成功——至少是通俗意义上的成功，以财富、地位、权力或者名气为象征——那么我们注定要牺牲生活的其他方面（工作和生活不平衡，其影响可能非常隐蔽，以致我们意识不到）。

活在当下还是活在未来

我们大多数人都擅长自欺欺人、掩耳盗铃、自我安慰，这加剧了工作和生活之间的不平衡。我们哄骗自己相信"我们兼顾得很好"。例如，大多数人当被问到花多少时间陪伴家人时，他们会给出远远超出实际时间的答案（尽管他们不一定是有意歪曲事实）。即使那些清楚自己把绝大部分时间花在工作上的人，也会安慰自己说，非工作时间"质量好"。他们也许想要说服自己，重要的不是陪伴家人的时间的长短，而是时间的质量。但是，他们真的相信这些话吗？他们的家人同意他们的观点吗？

我经常听有的执行官说，他们现在如此努力工作，是为了妻儿"日后"能过上更好的生活（说这话的往往是男人）。但是，通常当"日后"到来时，妻子已经不在了，和别人跑了，而孩子则变成了陌生人，叫另外一个男人"爸爸"，不认识自己的亲生父亲到底是谁了。为了家庭的未来，为了家人日后的幸福，他们忘我地工作，结果落得个孤苦伶仃的下场。同事业的成功相比，人生的成功似乎要难得多。我们可以在所有课程上都得"A"，但是在人生这门课程上却往往不及格。

当我们追求第一种成功时——这种成功，就像犹太人有句谚语所说的那样，"无酒而醉"——我们需要保持自我。生命中有很多重要的时刻，这些时刻一旦过去，就再也不会回来。生活不是演习，是实战。如果我们想要享受生活，就要在今天享受，而不是明天，也不是遥远的将来的某一天。我们得问问自己：我们到底想要什么。我们想要活在当下还是活在未来？

在我合作过的公司中，很多投资银行家和投资顾问就面临着这一抉择。他们中的有些人，因为在易受影响的年龄吃过苦，很早就下决心"努力工作，绝对不要再忍受穷困"。他们生活的主要目标就是经济独立。通过极其努力的工作，他们实现了这一目标，所挣的钱往往远远超过他们最狂野的梦想。引用一个人的话说，就是"我一年挣的钱比我父亲一生挣的都多"。

具有这种情结的人就像踏车上的老鼠，欲罢不能。当最初的温饱问题解决后，新的需求——大多数是想象出来的，正如我在第2篇讨论金钱时所描述的那样——开始出现。他们想要更大的房子、更高级的跑车、更特别的凉亭。他们的"玩具"也越来越贵。他们的欲望日益膨胀，却没有意识到幸福是买不来的。他们喃喃低语说："要不了多久，我就会放下工作；要不了多久，我就会去做我一直想做的事情。"他们计划着，将来的某个时候，当他们有时间时，他们会再去上钢琴课；将来的某个时候，他们将回到大学研究艺术史，学习绘画。但是，那个"某个时候"似乎永远不会到来。而且，当他们这样想的时候，生命从他们身边溜走了。即使他们的工作很刺激，他们的生活也是单维的，除了工作，什么也没有。这些人将现在抵押给了将来（或者说，他们希望如此）。

有时，我们想要活在今天，但是觉得没有选择余地。也许，如果想要得到晋升，就不得不出一趟远差，即使这样意味着错过儿子的生日。或者是，如果想要提高销售业绩，就得做一次报告（而且要做得精彩），即使这样意味着不能去观看女儿的网球比赛。无疑，这些选择都很难，尤其是如果不出差、不做报告就有失去工作的危险的话。但是去出差、做报告又有失去家庭的危险。孩子很快就会长大，离开我们。当我们意识到的时候，我们已经无法影响他们的生活了；他们会自己做决定，不用请教我们。如果孩子小的时候，我们很少陪伴他们，又怎么向他们灌输祖传家训？他们怎么会记得我们？在我们的葬礼上，他们会说些什么（我们又想让他们说些什么）？

只有活在当下，充实的生活才有意义。我们太多人没能活在当下。如果我们把所有的精力都用来计划未来，那么我们会失去身边已有的东西。只有当时间所剩无几时我们才会真正认识到时间的重要性，于是痛心疾首、懊悔莫及。

对孩子的生活产生最大影响的人是父母，父母通过谆谆教诲和以身作则塑造孩子的性格和价值观。如果我们不在孩子的身边，我们怎么帮助他们成长为全面发展的个体？如果我们老待在办公室，我们怎么向他们灌输价值观？如果我们太忙而无法陪伴他们，我们怎么给他们留下有价值的回忆？底线是：抛开那些对于所谓的"优质"时间的奢望，我们要想和孩子建立有意义的关系，就至少要保证起码的相处时间。

当今社会，组织对员工的要求通常都很苛刻，所以为了保住生命中真正重要的东西，我们需要牢牢守住界限。也许，有很多人会出来喊，在目前这个知识型员工的时代，员工根本没有选择，只有调整自己适应环境。即使工作与生活平衡的想法很难实现，为了工作与生活平衡所付出的努力也会让你在日后获得回报。没有人在临死之前会说："我应该花更多的时间工作。"对幸福而言，和家人共享特殊时刻是至关重要的。而且，能够回忆这些快乐的时刻，就是再次享受生命。

外在成功与内在成功

阿尔伯特·爱因斯坦对平衡也做过阐释，他有个成功公式：

$$A=X+Y+Z$$

其中，A 代表成功，X 代表工作，Y 代表玩耍，Z 代表闭嘴。就像弗洛伊德的爱和工作公式一样，爱因斯坦认为工作、玩耍、闭嘴是幸福的三要素。

如果没有通过自己的努力获得成功，没有人能够体会到真正的幸福。成功给人胜任感，让人觉得自己能够创造性地解决任何问题。对自己是否满意，取决于两种评价标准，一种是社会的成功标准，一种是自己的成功标准。换句话说，取决于同外在目标和内在目标的比较。但是，成功实现某一目标或梦想并不能保证幸福。我们奋斗数月乃至数年之后，结果可能是失望。我们可能无法接受这种结果，陷入绝望，但是如果我们看开一点，就能升华，重新开启新的旅程，一段通往意义和幸福的旅程。

真正的幸福取决于从容应对内心的躁动感和焦虑感，这种躁动感和焦虑感源于认为自己所处的位置和想要达到的位置之间存在差距，也就是，实际成就和雄心壮志之间的比较。对我们很多人而言，这个差距都很大。事实是，我们不可能都是 CEO，我们不可能都是癌症疗法的发现者——而我们需要接受这一点。我们的成功不该通过我们取得了什么成就来丈量，而是应该通过我们克服了多少困难来丈量。前进途中的所有胜利，无论大小，我们都该庆祝。

正如我已经在第 2 篇里所强调的那样，我们很多人往往关注外在成功，将之等价为财富、地位、权力和名气；我们认为幸福在于拥有和得到。但是，追逐这些目标就像追逐彩虹，当我们到达后，看到的只是一层灰雾。真正的幸福取决于内在成功——充实生活的结果。玩耍和倾听（在爱因斯坦的公式里，就是闭嘴）是内在成功的关键，因为它们有助于我们获得珍贵的财富，比如友谊、爱、仁慈、关心、善良和智慧。真正令人满足、让人幸福的成功不是刻意追求来的，因为通往真正成功的道路是人迹罕至的。

　　世俗意义上的外在成功不仅长久不了，而且十分危险。我坚持认为，当今社会人们痛苦的主要源头就是不屈不挠地追求外在成功。迷恋成功会造成严重的后果，因为它具有滚雪球效应：追求成功的人很少满足，不管他们爬得多高，没有什么成就能让他们长久满足。每当他们到达一级成功标准后，他们又会定义新的、更高的成功标准。他们曾经梦寐以求的薪水现在看起来似乎只能满足温饱。可以这样总结：将幸福等同于成功的人，永远不会成功得足以让自己幸福。他们就像西西弗斯，没完没了地将巨石推向山顶。讽刺的是，西西弗斯唯一幸福的时刻可能就是巨石滚下山的时刻——那时，他不用推巨石，他有时间进行自我反思。但是，自我反思可能不是他最终想要的东西。因为，自我反思的最终结果应该是郁闷至极。

　　追求外在成功过程中的内心躁动和不满，毁了很多人。令人啼笑皆非的是，幸福不仅取决于我们拥有什么，而且取决于我们没有什么。这种双重满足是安适感的坚实基础。最幸福的人，往往是那些既满足于自己的现状，也不强求自己得不到的东西的人。

第 18 章　比较与幸福

活时遭人妒的人，死时招人爱。

贺拉斯，古罗马诗人

嫉妒之人无宁日。

弗朗西斯·培根

傻瓜只会令人不屑，不会遭人嫉妒。因为嫉妒是种表扬。

约翰·盖伊，英国诗人

别人家的饭菜就是香一些。

马耳他谚语

在"幸福"这个食谱中，一味重要的配料就是比较，尽管必不可少，但是放得太多，也会毁掉整道菜。下面我们看一看，比较是如何增强和减弱我们的幸福感的，其中，嫉妒再次起到重要作用。

准确地讲，其实时不时提醒自己生活好歹还不算太糟糕，这有助于增强幸福感。这种健康的心态，包括跟自己比（拿自己目前的状态和自己过去更不如意的状态做比较）和跟别人比。例如，当车子坏了时，想到现在有钱去修理（要是在 10 年前，恐怕就不得不丢掉这辆破车），我们就会对生活感恩。再也许，当面临手术时，想到至少还有人牵着我们的手（不像隔壁那个形单影只的老人），我们也会感恩。换句话说，当我们觉得生活暗淡时，我们可以回想过去的困难日子，或者看看别人的悲惨境况，这样，我们就会觉得好受一点儿。想象一下生活会糟到什么程度，然后与实际的相对而言比较安逸的生活做比较——鼓舞士气时常用的建设性方法——通常会让我们打起精神。

社会比较

当然，人们既会向下比，也会向上比。生活并非总是好于从前，我们也并非总是比邻居薪水更高、更聪明。但是，总体上，幸福的人更多的是向下比，而不是向上比。不管他们境况如何，他们都可以找到境况不如自己的人，这有助于他们认识到自己的境况实际上是多么的好。他们学会了欣赏自己所拥有的，而不是觊觎别人所拥有的——他们可能很早就掌握了这门课程。也许是小时候，当他们抱怨自己在某方面不如其他的孩子时，他们的父母会向他们指出谁、谁、谁的情况比他们糟糕多了。

不幸福的人，在评价自己的生活状况时，同样既会向下比，也会向上比，不过他们更多的是向上比。他们感到非常委屈，成天寻找老天对自己不公的证据。结果，他们选择比较对象时，就会出现偏向，专门挑那些过得比自己好的人，向上比。"为什么邻居的车比我的好？"他们问。"为什么妹妹能够花那么多钱度假？"偶尔关注一下过得比自己差的人，他们也会品味一下优越感，但是这种优越感所带来的快乐很快就会消退，取而代之的是嫉妒，他们嫉妒那些得到老天厚爱的人（他们认为别人过得好，是因为得到了老天的厚爱）。

固执地认为老天对自己不公的人，就会把一个人赢了看作另外一个人输了。他们把一切都看作零和游戏。不管他们追求什么——不管是爱情、权力还是金钱——他们总是能够找到看似超过自己的人，觉得那个人夺走了原本属于自己的东西。

我们所有人都有觉得自己不如别人的时候，特别是当我们拿自己同那些起点（地位、外貌、收入、权力等方面）比自己高的人相比时，于是百感交集。我们的挑战就是走出百感交集的状态。为了心理健康着想，重要的是不要向上比，不要觉得自己非常委屈。否则的话，嫉妒就会再次露出它丑陋的脸孔，威胁着说要吞掉我们。

社会比较（social comparison）会渐变成嫉妒，让人类最坏的一面显现出来。伯特兰·罗素非常清楚这一点，他说过"除非憎恨某个其他人、国家或者教义，否则很少有人觉得幸福"。但是，我们会问，这种情况下使用"幸福"这个字眼是否合适。罗素还说："如果你渴望辉煌，你可能会嫉妒拿破仑，但是拿破仑嫉妒恺撒，恺撒嫉妒亚历山大，而亚历山大，我敢说他一定嫉妒大力神海格力斯———一个虚构出来的家伙。"

正如我前面指出的那样，有些人看到别人受苦受难，会幸灾乐祸。还是这种人，他们喜欢向上比，而向上比一般会激起嫉妒、敌意反应。但是，之所以有这种反应，原因不完全在于别人。正如德国作家赫尔曼·黑塞所观察到的那样："如果我们恨一个人，他令我们憎恨的地方也是我们自己的一部分。不存在于我们自我之中的，不会使我们烦扰。"因为赫尔曼·黑塞明白，嫉妒的人有着严重的自尊问题。让他们更加不开心的是他们自己，而不是他们所嘲弄的人。但是，他们也擅长分裂（splitting）和投射，在管理接受不了的那部分自我时存在困难。

我很怀疑，是否有人从来不曾嫉妒过。所谓嫉妒，就是看到别人在某些方面（比如财富、权力、地位、爱情、美貌）胜过自己时，心中痛苦、愤恨，并且想赶超过去。我在讨论金钱时就说过，嫉妒是种普遍存在的感受，它能衍生一系列同样痛苦的感受：灰心、愤怒、自怜、贪婪、敌意以及仇恨。出于嫉妒行事也许会暂时得到解脱，但是，这些消极情绪中，任何一种随后都会引起主观烦恼（subjective distress）。嫉妒和所有由嫉妒衍生的情绪，对己对人都是危险的，会囚禁沉湎于其中的人。

人们不会故意展示或者说出这种感受。嫉妒不好表现在台面上，我们宁愿将它藏着或者伪装成超然。嫉妒尽管有积极的一面——可以让人努力缩小自己与他人的差距，也可以增强两性关系的稳定性——但是也往往让人恨不得以眼还眼。结果呢？原本多灾多难的世界又多了一个昏了头的人。

我们都知道，嫉妒也是七宗罪之一。《圣经》里满是有关嫉妒的故事。《旧约》里《十诫》的最后一诫是："你不该觊觎……"
文学作品中有无数嫉妒的例子，其中最著名的一个就是约翰·弥
尔顿在《失乐园》里刻画的撒旦。在弥尔顿的诗中，撒旦是个堕
落天使，被嫉妒和报复啃噬着，策划了将人类逐出天堂的阴谋。
很多国家的很多谚语也揭露了嫉妒的普遍本质：例如，保加利亚
谚语"别人的鸡蛋有两个蛋黄"；丹麦谚语"如果嫉妒是感冒，那
么世界上所有的人都被传染了"；瑞典人说"瑞典皇家嫉妒"（royal
Swedish envy，劝诫人们不要太显摆，免得遭人嫉妒）；很多国家还
会说"高罂粟综合征"①（tall poppy syndrome，这一表达说明，人
们看到成功人士栽跟头时会幸灾乐祸）。

　　我所知道的有关嫉妒的故事中，最具有戏剧性的是俄国的一
个故事。有个农民，上帝愿意满足他的任何愿望，但是有个条
件——不论他想要什么，上帝给他一份，就会给他的邻居两份。
想到不论自己得到什么，邻居所得到的都会超过自己，农民就觉
得很难受。农民仔细考虑之后，最终对上帝说："拿走我的一只眼
睛吧。"小说家戈尔·维达尔也深谙这一点："光自己成功是不够
的，别人还得失败。"

　　有时，嫉妒被包装成（成功地伪装成）道德上的愤怒。我们
习惯把自己当作正义的化身，批评那些我们认为违反了某种道德
规范的人，例如，公然抨击那些在还有很多人贫困不堪的世界里
过着奢华张扬的生活的人。但是，这种正义感往往掩盖着一种羡
慕（比如，希望自己也能过上奢华张扬的生活）。当人们为别人的

① 形容一种在社群文化中，集体地对某类人的批判态度。当任何一个人在社会上达到
一定程度的成功之后，而惹来社群中不约而同的、自发性、集体性的批评。——编者注

"卑劣行径"所困扰时，也许梦想着自己也能做出这种"卑劣行径"。他们的愤怒所指向的，也许是自己身上的某样东西，自身的这样东西最让他们害怕。通常，这种东西与性有关。例如，一个憎恨同性恋的人，也许是因为他担心自己的性取向，于是企图通过抨击同性恋来摆脱这种困扰。

美国很多电视布道者行为不检点，就证实了这一点。他们宣扬远离罪恶和贪婪，但是与此同时，他们光顾妓院、滥用信徒的捐款。美国作家辛克莱·刘易斯的书《孽海痴魂》（后来被改编成电影，由伯特兰·卡斯特主演）讲述了一个神棍的故事。他叫埃尔默·甘特利（Elmer Gantry），身材肥胖，非常贪婪，很会忽悠，专门坑蒙善良无知的人。他利用机会混进了一个基督教堂，爬上了主神父的位子。这个"神都敬畏"的男人，白天布道，讲述罪与罚，晚上则干着他白天唾弃的勾当。道德上的愤怒是萦绕着光环的嫉妒。

安布鲁斯·比尔斯在《魔鬼词典》中，将幸福定义为"想到另一个人的悲惨遭遇而涌上心头的愉快感"，用诙谐的语气道破了嫉妒的破坏性。德语里有个词语"Schadenfreude"，意思是建立在他人痛苦之上的快乐。但是，如果一个人把自己的快乐建立在享受他人的痛苦之上，这说明他/她的生活是什么样子？尽管他人的痛苦能带来短暂的愉快感，但是真正的幸福是不可能和嫉妒、怨恨及复仇心态共存的。如果一个人的心被嫉妒囚禁了，那么他/她就难以发挥自己的潜能，和别人建立连接，或者放松地玩耍，最终的结果就是不幸福。

第 19 章　应对压力

不要做依赖别人、任人摆布的病人，要做自己灵魂的医生。

伊壁鸠鲁

参加老鼠赛跑的问题是，即使你赢了，也还是一只老鼠。

莉莉·汤普琳，演员

压力之下，人们讨厌思考；但是这个时候，他们最需要思考。

比尔·克林顿

心脏病发就表示你该放慢脚步。

谚语

　　诺贝尔和平奖获得者阿尔伯特·史怀哲曾经说过，幸福就是身体健康并善于忘却烦恼。尽管他所说的"善于忘却烦恼"可能会招人反对——毕竟，谁愿意被人说成是"自欺欺人"呢？——

但是"身体健康"无疑是重要的。如果身体不健康，我们不可能幸福。说一千道一万，身体状况强烈影响着（有些情况下，甚至决定）心理状况。根据许多压力研究者的说法，身体状况是幸福的强预测因子，尤其对上了年纪的人而言。自我首先是身体自我。当我们身体不好时，思路也不会清晰。结果，当我们生病时，我们所想的、所说的都与疾病有关。我们所有人都见过句句话不离养生保健的人。

爱惜身体，可以比作明智地燃烧蜡烛。如果我们细心照料自己的蜡烛，它就可以长时间地燃烧。如果我们胡乱摆弄它，它就会很快化作一缕青烟。不幸的是，和我打过交道的执行官中，很多人都有将蜡烛的两头都点燃的习惯——易怒、具有 A 型人格。他们有很强的紧迫感，躁动不安、缺乏耐心、争强好胜，有很强的攻击性，随时可能暴跳如雷。这些行为是冠心病的主要风险因素。

你可能也知道我所说的那种人。他们就像踏车上的老鼠，或者《爱丽丝梦游仙境》中的白兔，总是匆匆忙忙，永远抵达不了终点。你认识这种人吗？或许你自己就是这种人？这些人去餐馆吃饭时，吃得很快，说得很快，账单也付得很快。他们没有时间享受吃的过程，当然也不会在红酒和咖啡上逗留。他们说话的声音很大，有时甚至像爆炸一样。他们的面部肌肉紧张。他们不擅长倾听，往往想主导谈话过程。因为他们总是处于压力之下（不管这种压力是来自外界，还是他们自己给的），所以当他们试着放松时就会觉得内疚。实际上，只要有可能，他们就同时处理好几件事情。即使在夜里他们也不安宁。例如，他们也许在梦到压力情境时磨牙——一个令很多牙医高兴的习惯。

身体是本钱

身体健康，可以比作银行账户。但是，这是一个非同寻常的账户——只能取，不能存。有些人有着大手大脚的习惯，他们像挥霍金钱一样挥霍健康，其实就是在慢性自杀。只有当账户里所剩无几时，他们才意识到健康的重要性。

压力研究者有时会区分生理年龄（physiological age）和时序年龄（chronological age，也就是实际年龄）。有些人——点燃蜡烛两头的人，透支健康账户的人——生理年龄老于时序年龄。既然我们能在某种程度上控制生理年龄，那么我们就要慎重对待自己的身体——定期锻炼身体，注意饮食、饮酒适量，不沾染香烟和毒品。

而且，我们需要记住，如果幸运的话，我们都会进入晚年；如果我们一生都能保持轻松、积极的心态的话，这金子般的年华就会更加灿烂。有压力的人更容易生病。心理神经免疫学方面的研究表明，快乐体验和积极心态能够增强免疫力。似乎当我们高兴时，我们的免疫系统能够更加有效地抵抗疾病。结果，越快乐的人越长寿。另一方面，担忧、愤怒、敌意、身体和情感上的孤独，都不利于健康。消极的心境会催生疾病。

当然，说到身体健康，所指的并非仅仅是养生保健。例如，有些人天生残疾或者患有先天疾病；有些人会不幸罹患重大疾病；另外，还有很多人拿身体赌明天，等到醒悟过来也为时已晚。

美国有位幽默大师 P.J. 欧洛克（P.J.O'Rourke）曾经说过："有件事女人永远比不过男人——男人死得更早。"这句话除了能博人一笑之外，还能给人以启迪：男人应该表现出某些"女人"特性，比如，更感性一些。大多数人认为，女人比男人更擅长体察别人的心思，更擅长表达情感，更热衷于亲昵行为。正如很多研究一再表明的那样，社会支持——来自家人、朋友、知己的帮助和关怀——能够缓冲压力，提升幸福感。有人说说知心话，可以缓解压力。最容易生病和不幸福的人（不管是男人还是女人）就是那些所有问题都一个人扛，不能或者不愿倾诉自己烦恼的人。幸运的是，一心换一心。当我们向别人诉说我们的担忧时，他们也会和我们分享他们的烦恼，这样我们就会明白自己并不孤独，别人也有类似的问题。对我们大多数人而言，这样互诉衷肠能够让内心平静下来。

统计数据表明，同没有伴侣的人以及与伴侣关系不好的人相比，与伴侣关系好的人通常有着更健康的生活习惯。互相牵挂的两人，也会关注彼此的健康状况。与伴侣关系好的人，往往酒喝得少、烟抽得少，不沾毒品、饮食更规律，也遵从医生的嘱咐。

性生活，正如我在第 1 篇里提到的那样，也有助于抵抗压力。它能改善两性关系、强身健体。如果双方都对性生活满意，那么它能提高自尊、抵抗抑郁，增强免疫系统，从而提高抗压能力。相比之下，无爱之性则对身体不利，也不会让人幸福。哲学家伊壁鸠鲁说："投入感情的性爱，能够促进双方的融合，让生活更精彩。"

正如我前面说过的那样，乐观的心态也能缓冲压力，很早以前人们就知道这一事实了。在《旧约》中（一本谚语集），所罗门王说："喜乐的心乃是良药。"压力研究者赞同这一观点。笑是身心健康的重要成分。笑得多的人，确实活得长。记者诺曼·卡森斯在他的著作《笑是治病的良药》（Anatomy of an Illness）中阐释道，他之所以能够从一场致命疾病中恢复过来，是因为他会笑。越来越多的研究表明，幽默具有治疗作用。因为笑能降低血液中的压力激素（比如肾上腺素和去肾上腺素），让我们放松，让我们进入更加平静、更加稳定的状态。笑一笑十年少，笑能活动筋骨，笑能增强免疫系统（就像积极的心态一样）。

我们可以笑到忘记，但是不能忘记笑。不会笑的人，一定有心理问题。因为笑代表着幸福，能够解忧，让艰难的日子不那么难以忍受。而能够自嘲是很好的迹象，说明我们不自负、不自大。实际上，能否自嘲是心理是否健康的很好指标。

定期锻炼对身心健康也很重要。锻炼之后，我们在身体上和心理上都会觉得好多了，放松多了。定期锻炼能够降低压力水平，增强体力、耐力，强化心脏，促进血液循环，降低血压，加快新陈代谢，增强对致命疾病的抵抗力。而且，定期锻炼也能减少出现抑郁和倦怠的可能性。罗马诗人韦纳尔（Juvenal）说过："有健康的身体才有健康的心灵。"这句话到今天仍然是真理。

第 20 章　游戏人生

要想学会飞，一个人必须先学会站立、行走、奔跑、攀爬和跳舞。一个人不能一步登天。

弗里德里希·尼采

只会用功不玩耍，聪明孩子也变傻。

谚语

大人对待生活，就像孩子对待游戏。谁第一个出局，就会把自己的玩具扔掉。

威廉·考珀，圣诗作者

为什么不冒险爬高枝？那上面不是有水果吗？

弗兰克·斯库利，美国记者

一个阳光明媚的下午，我走过艺术桥（Pont des Arts，巴黎塞纳河上的人行桥）。空气中弥漫着一股奇特的气息，兴奋和热情渗透整个桥面。桥上挤满了人，老的、少的，坐着的、站着的，甚至还有躺着的，他们所有人都在画画或者评论着别人的画作。用爱说俏皮话的法国人的话说，这一事件可以叫做"Faites de la peinture"，意思和"来画画"差不多，或者叫做"Fête de la peinture"——发音不变——意思是"画画节"。看着这一幕，我可以看到所有参与者都完全投入，在认知上、情感上以及感觉上都沉浸其中。那就是"玩耍"。玩耍的时候，我们忘了自己，内在世界和外在世界融为一体。我们就像变了一个人。我们卸下了生活的重担。玩耍的时候，不分大人和小孩。通常情况下，桥上是大人、小孩各占一方；现在，他们之间的界限消失了。他们都在一起"玩耍"。

玩耍的作用

爱因斯坦在他的幸福等式里指出了玩耍在生活当中的重要性，他说得对。玩耍和创造力有着密切的关系，而且具有再生功用。会玩意味着兴趣广泛，会用不一般的方法解决问题。有句谚语说："只会用功不玩耍，聪明孩子也变傻。"兴趣广泛的话，我们就会积累幸福的生活经验（以及回忆）。正如我早先提到的那样，研究显示会玩的人往往更幸福。玩耍有助于我们用新的方法看同一件事情。真正的消遣（recreation）——把它想成再创造（re-creation）——能激发灵感，让我们更富创造力，工作效率更高，人际关系更和谐。

很多人不知道怎么打发闲暇时间，他们不知道怎么玩耍。我的一个领导力研讨班上，有位执行官就是这种人。听他讲述自己的故事，让我想起西班牙伟大画家迭戈·委拉兹开斯（17世纪最重要的画家之一）的一幅画，画的是西班牙王室的孩子，但这些孩子看起来却没有儿童的那种天真烂漫，显得十分老成。这个执行官（下面我称他为"简"）好像就是从这幅画里走出来的一样。他两岁时，父亲去世，母亲忧伤过度。他和母亲相依为命，不得不过早地长大，扮演起本该由父亲扮演的角色。他成了母亲的知心人，尽力帮助母亲走过那些灰暗的日子，并帮助母亲分担忧愁。随着年纪的增长，简承担起越来越多的家庭责任。与此同时，他的童年也溜走了。就像委拉兹开斯画里的孩子一样，他从来没有机会玩耍，也没有机会幻想。

长大后，简拼命工作，成为一个非常成功的商人。他的同事和下属说他十分体贴，但是太严肃了。不幸的是，只是在办公室里，他才很体贴；在家里，他和妻子、儿子都很疏远。这也许是因为他过去和母亲的情感卷入太深了，承担了太多不该在那个年龄承担的东西。他把抚养教导儿子的事情完全托付给妻子，对儿子很冷漠，以致儿子长大后，和他之间就像陌生人一样。当和儿子单独相处时，他觉得难受、不自在，不知道该说些什么，手足无措。当我遇见他时——他的年纪已经很大了——他想回到童年，尽情地玩耍。

有些人——简就是其中一个——不知道怎样玩，另外一些人则玩过了头。但是，生活必须非此即彼吗？我不这么认为。当我们学会在做中玩、在玩中做时，我们就更可能幸福。人格健全的人不是一直工作。他们知道怎么笑、怎么玩，怎么和别人一起找乐子。

当我们玩耍的时候——即使是在做中玩——我们就回到了童年世界。我们再次体验到欣喜感、惊奇感和期待感——这些感受构成了婴儿的世界。我们觉得自己像小时候一样活泼、一样热情。我们进入幻想的世界、白日梦的世界、夜梦的世界，在这里，时间变得不再重要。在这个过渡的游戏世界里——一个介于虚构和现实之间的世界，一个介于泰迪熊和成年人责任之间的世界——我们创造着。这个世界充满直觉、自由联想、比喻意象、无边无际的想象，简而言之，一个有着无限可能性的世界。这是一个发散性思考的世界，发散性思考通向连接和联想，而连接和联想与新观念的产生有关。成年人进入这个游戏世界后，大脑里会不断冒出创造性的想法，他们实施这些想法，接受验证，又从现实中获得启发，整合到原有的想法中，这个过程不断循环下去。大脑就像降落伞：打开时，工作状态更佳。进入这种思维状态后，我们可以找到新方法，解决一直困扰着我们的问题。当我们玩耍的时候，当我们做着非同寻常的事情的时候，答案就会冒出来，常规思路下，答案是不会现身的。这种创造性思考的过程，特别是顿悟的瞬间，是非常令人幸福的。

在自我协助下的退化

为了理解玩耍和创造过程之间深层的动力学关系，精神分析学家区分出初级思维过程（primary process thinking）和次级思维过程（secondary process thinking），认为初级思维过程和创造性有着密切联系。这里，初级思维过程指的是由潜意识系统中的能量支配的心理活动，特点是杂乱无章、不遵循逻辑规则，希望立即释放或者满足本能欲望（即性欲）。例如，梦就是初级思维过程的一个生动例子。相比之下，次级思维过程则是由意识和前意识[1]系统中的能量支配的心理活动，特点是遵循逻辑规则，调节本能欲望的释放，延迟满足本能欲望。然而，性欲起着重要作用、影响创造过程的地方，是在初级思维过程里。

精神分析学家还引入了"在自我协助下的退化"（regression in the service of the ego）这一概念。次级思维过程只有退化到玩耍的、原始的、潜意识的思维模式下，才能对创造过程产生影响。创作性产品就是这种退化的结果。处理虚构和现实之间的冲突，是个非常具有建设性的过程。自童年开始，富有创造力的人似乎就能在想象、幻想和现实之间自如地切换。想象是孩子的专利，而规则是大人强加的，创造过程意味着将想象和规则这对天敌不可思议地融合在一起。

这种创作过程不同于"疯子"的创造过程。尽管"疯子"也能"创造性"地解决冲突，但是他们的"创造力"更多地像一种"魔力"。他们的"创造性产品"只有他们自己能够理解，外人都看不懂。"疯子"的创造过程，是退化出错的一个例子。不管他们创造出什么产品，他们都与社会环境格格不入。他们创造的象征性产品含义太过隐秘，让人觉得莫名其妙。

---

[1] preconscious，指潜意识中可召回的部分，人们能够回忆起来的经验。前意识是在儿童时期发展起来的，它是潜意识和意识之间的中介环节。——编者注

当我们仔细观察创造过程，我们也许会发现其动力来自未了结的记忆（unresolved memories）——我们内心剧场的"幽灵"。这些让我们充满好奇和渴望的"幽灵"，能为想象提供养料。孩子的游戏能够起到驱除这些内心"幽灵"，让其升华的重要作用。如果父母或其他养育者对孩子的游戏表示兴奋和兴趣，那么他们也能起到对付这些"幽灵"的重要作用。通过参与孩子的游戏，他们得以分享孩子的过渡世界——一个介于幻想和现实之间的世界。无拘无束、自由想象的游戏，对儿童创造力的发展至关重要，能为日后的创造活动打下基础。但是，孩子的创造力能否得到发展，很大程度上取决于孩子如何处理社会强加到自己头上的限制。引用毕加索的话说"每个孩子都是艺术家，问题在于他长大后如何依旧是个艺术家。"

见过富有创造力的人，我们就会发现，与普通人相比，他们可能更原始，也可能更文明；他们可能更具破坏性，也可能更具建设性；他们可能更疯狂，也可能更理智。他们愿意做其他人不敢做的事情。艺术和科学中的创造不过就是如此——超越日常现实，创造新现实。创造力就是能够看到别人看不到的东西。米开朗琪罗好像说过："我在大理石中看到天使，于是开始雕刻，直到将天使从大理石中解放出来。"富有创造力的人看到的不仅仅是云彩，还能从中辨认出形状。

任何一个新想法最初看起来都很疯狂，天才不过是能够用稍微不同于常人的方法看待同一件事情，这也许是个真理。富有创造力的人，能够从新的角度看待其他人想当然的事情。创造是新颖战胜习惯，将没有联系的东西联系到一起。尽管创造力意味着幻想到现实之间存在一定程度的流畅性，但是，我们需要记住，创造力也需要一定的秩序。尽管富有创造力的人一般都喜欢玩耍，但是真正的创造力能将玩耍和纪律、责任很好地结合在一起。玩耍不和老对头——执着、坚持、毅力——绑在一起，也不可能创造出什么东西。在创造过程中，念头最先出现，然后是将念头具体化成计划，然后是将计划付诸实践。只有坚持不懈，计划才能最终变成现实。引用画家弗朗西斯科·戈雅的话说就是："幻想，如果被理智遗弃，则只能生出'不可能'这个怪物；如果幻想能和理智结合，则能成为艺术的母亲，生出奇迹。"

处理丧失

画家爱德华·蒙克曾经说过："疾病、疯狂、死亡是围着我摇篮的天使，并跟随我一生。"蒙克能够创造性地运用丧失和哀恸体验。我们有些人——还是孩子时——能够很好地处理童年的创伤，但是有些人可能就有很大的困难。这些困难可能会持续一生，比如处理心理创伤。创造力和某些心理疾病——包括抑郁、精神分裂症，以及注意力不足过动症——之间往往存在相关性。很多研究表明，同一般人相比，创造力极强的人患双向性障碍（又称躁郁症）的可能性要大得多。

保留疯狂的一面

因为玩耍对获得幸福而言相当重要，所以我们每个人都要评估自己玩耍的能力。工作中，我们质疑过那些一直被想当然的事情吗？办公室里有什么事情能让我们真正兴奋起来吗？工作之外，我们有什么爱好吗？我们参与过运用我们大脑其他部分的活动吗？我们时不时地展示自己疯狂的一面吗？我们做白日梦吗？我们在意自己晚上做的梦吗？面对这些问题，我们给出的肯定答案越多，说明我们的状况越好。用玩耍的心态面对工作职责能够培养创造力，有些业余爱好和追求则能改善我们的生活观，让我们重获活力。不管我们偏爱更温和的活动（比如看鸟、种花、飞钓），还是更刺激的活动（比如打猎、跳伞、直升机滑雪），都是如此。

如果我们的业余生活很单调，退休后我们就会觉得很难适应；当我们老了，身体不那么硬朗时，我们的选择余地就很小，很多事情都做不了。我见过很多一心只知工作的人，男女都有，他们退休之后就有很强的失落感。工作的时候，他们从不在办公室之外找乐子。他们的发展完全围绕着工作。当他们在中年晚期离开工作岗位后，就会觉得被遗弃，觉得很孤独，没有方向，变得抑郁，也会表现出其他压力症状。有些人甚至过早地去世了；他们没有时间休闲，那就只好花时间生病。

探索需求

人们在玩耍过程中体验到的成长，和探索需求有着密切的关系。探索需求是认知和学习的基础。发展心理学家罗伯特·怀特称这种需求为"能力动机"（competence motivation）。刚出生的婴儿什么都不会，但是他们天生具有探索周围环境并学习如何影响、操纵周围环境的能力。怀特（以及其他发展心理学家）把探索看作基本的动机需求，而探索行为的目的就是获得应对环境的能力。探索过程中的成功能带来效能感，而效能感又能进一步显著增强自尊感。

出生后不久，这一探索动机需求就显现出来。儿童观察研究报告说，新奇的事物，以及发现某种行为的效果，能够刺激婴儿的大脑细胞，并且引起长期的注意力唤醒状态。整个成年期，如果有机会进行探索，类似的反应还会继续出现。和探索需求密切相关的是自我主张需求（need for self-assertion）——也就是能够自己选择做什么的需求。在探索—主张需求的驱动下，玩耍式地探索操纵环境，会产生效能感（sense of effectiveness）、能力感（sense of competency）、自主感（sense of autonomy）、主动感（sense of initiative）和勤奋感（sense of industry）。

理解这一基本动机需求，有助于我们认识到：学习并非仅仅是为成年生活做准备的事情。相反，我们应该活到老、学到老。我们需要继续开发潜能，继续成长，继续发展个性。一生之中的不同时期，我们需要不断迎接新的挑战和任务。

看看我们的周围，我们会发现世界是不断变化的，时时刻刻都有新的事情发生。在这个日新月异的世界里，有数不清的东西等着我们去发现。持续学习意味着满怀热情地投入生活：体味生活的变迁、声音和色彩；运用我们的嗅觉、味觉、触觉、听觉和视觉；培养审美情操；喜欢冒险。

我们在正规教育中学到东西是重要的，然而，我们在学校之外学到的东西往往是更重要的。实际上，很多东西是别人教不了的，这些东西需要在做中学——只有做过了，才能记住。实践知识的检索率比课堂知识的检索率要高得多，因为生活中的关键事件会经常出现在回忆中。

我们越学习，就越发现自己是多么的无知。这并非坏事：知道自己懂得很少是很重要的。实际上，我们应该珍视自己的无知，因为它是推动我们进行深入探索的动力。生活充实幸福的秘诀之一，就是保持求知欲。但是，除了好奇和学习之外，我们还要有冒险精神，敢于挑战已有的观念。正如经济学家约翰·梅纳德·凯恩斯曾经说过的那样："世界上最大的困难不是接受新观念，而是忘却旧观念。"

所有的生活都是成长过程和变迁过程，人类的生活也不例外。我们需要持续不断地重新塑造自己。我们也需要试验。我们越是这样做，越是挑战自我和环境的极限，我们就发展得越好。有时，我们的努力也会失败，那是肯定的。但是，暂时的挫折也是学习机会。

如果我们本身没有兴趣，那就做什么都没有意思。我们的兴趣越广泛，我们越有活力。认为自己可以不用再向别人学习的人是孤独的人，这种傲慢的姿态会招致灾难。就像持续学习能让我们保持年轻一样，终止学习会加速衰老。实际上，没有什么比不思考、不动脑更让人老得快。很少有人的脑子是磨损坏的，大多数人的脑子是锈掉的。为了生存，我们需要保持求知欲，追求个人成长。

如果我们能保留一份童真，坚持学习就不是那么难以做到。玩耍有助于我们把探索新环境看作探险。想象允许我们探索那片很少有成人涉足的广阔的未知领域，进而允许我们开发潜能。创造力允许我们建设性地运用我们的想象力，随心所欲地运用记忆中的童年经验。最后，好奇给我们带来发现新事物的幸福时刻。往往，真正的挑战不是想出新答案，而是提出新问题。如果不去探询，我们将永远不知道。"为什么"和"怎么样"这两个字眼，用得再多也不过分。

学习的快乐还有助于我们成为一个好老师，而且有助于我们在教的过程中了解自己。但是，重要的是教会别人如何思考，而不是思考什么。创建力（generativity）——愿意做别人的老师，真正地关心别人——是影响中老年人幸福感的更为重要的因子。看到曾经处于我们庇护之下的年轻人很有出息，我们会感到十分幸福；嫉妒下一代，则会让人不幸福。

弗朗索瓦·德·拉罗什富科曾经说过："生命中唯一永恒不变的是变化。"如果我们愿意学习，无处不在的变化就是我们的老师。实际上，既然墨守成规会导致僵化和停滞，那么我们不只应该接受变化，而且应该寻求变化、打破常规，让自己和别人都大吃一惊。我们需要对过去释然。我们需要不断尝试新东西。当我们打破单调沉闷时，我们需要祝贺自己。我们需要找到在人生游戏中成为选手而非观众的方法。80 岁时拥有 30 岁的心态，好于 30 岁时拥有 80 岁的心态。活着会变老，对活着失去兴趣也会变老。

我们太多人为一个又一个欲望而奔波不停……诗人 T.S. 艾略特曾经说过："我们不应放弃探索，在所有探索的尽头，我们会回到起点，重新认识这个地方。"下面，让我讲一个禅理故事，这个故事阐释了幸福的缥缈本质。

从前，有个石匠。他所住的岛上，只有强大的人才能过上舒适的生活。他对自己的处境非常不满，于是决心要成为岛上最强大的人。

一天，他路过一位富商的家，透过敞开的大门，他看见那里场面奢华、贵宾如云。"那个富商一定很神气！"石匠想，"但愿我能像他一样。"

令他大吃一惊的是，突然之间，他真的变成了一位富商，享受着超出其想象力的奢华和权力，但是也遭到不如自己富有的人的嫉妒和怨恨。不久，一位大官从此经过。大官坐在轿子里，随从护拥、士兵保驾、鸣锣开道。所有人都向大官鞠躬致敬。"当官真威风啊！"他想，"但愿我能成为大官！"

很快，他变成了大官，坐在轿子里四处耀武扬威，周围所有人都怕他、恨他。一个烈日炎炎的日子，他坐在黏糊糊的轿子里非常不舒服，于是伸出头来看着太阳，太阳骄傲地悬挂在天空，无视他的存在。"多么了不起的太阳啊！"他想，"但愿我能成为太阳。"

于是，他成了太阳，猛烈地照耀着每个人，烤干了大地。农夫们咒骂着他。这时一片巨大的乌云挡住了他，他无法随心所欲地照耀每样东西了。"好厉害的乌云！"他想，"但愿我能变成云。"

于是，他变成了云，下着雨，淹没了田野和村庄，每个人都咒骂他。突然，一股强大的力量撼动了他，他发现那是风。"好厉害啊！"他想，"但愿我能成为风。"

于是，他变成了风，摧毁了无数的房屋和树木，大地上的人都怕他、恨他。但是，不久，他突然被什么东西挡住了，不管他怎么吹，都吹不动这个东西——原来是高耸的巨石。"巨石多么强大啊！"他想，"但愿我能变成巨石。"

于是，他变成了巨石，比地球上的其他任何东西都强大。但是，他矗立在那里时，听见了一阵清脆的敲击声，感到一把錾子刺破了自己坚硬的表面、改变着自己。"还有什么比我——一块巨石——更强大的呢？"他想。

他向下望去，看见在下面很远的地方，有个石匠的身影。

SEX，MONEY，
HAPPINESS，AND DEATH

第 4 篇
死亡之我思

第 21 章　人固有一死

死是我们谁都躲不过的债。

欧里庇得斯

活得投入的人不怕死。

阿娜伊丝·尼恩，美国作家

死不算什么，但是对活着被打败并被羞辱的人来说，每天都要死一次。

拿破仑·波拿巴

从前，在喜马拉雅山山脚一个小国家里，住着一个国王，名叫净饭王·乔达摩（Shuddodana Gauthama）。他的妻子怀孕了，这是他们的第一个孩子。孩子出生前，她做了一个梦，梦见一头小象用鼻子为她祈福。她把这个梦讲给国王和大臣们听，大家都认为这是一个非常吉祥的兆头。孩子出生后，被取名为悉达多

（Siddhartha），意思是"义成就者"。悉达多出生后，净饭王请了一个有名的占卜师给他算命，看看他的未来如何。占卜师说，他的儿子长大后只可能成为两种人：要么是伟大的国王，甚至是帝王；要么是伟大的圣人、仁慈的救世主。因为悉达多是王位的唯一继承人，所以净饭王不想让他出家。净饭王非常渴望儿子成为和自己一样的国王，于是决定不让他接触任何有可能让其皈依宗教的东西，也就是说，不让他接触教义，也不让他了解众生的苦难。净饭王命令大臣们，不得让悉达多看到老人、病人、死人或者任何潜心修行的人。他只想让悉达多在美丽和健康的环绕下长大。

悉达多在著名学者的指导下钻研科学、技术、艺术、哲学以及宗教。另外，他在骑术、箭术和剑术方面也很有造诣。然而，住在华丽的宫殿里，他越来越焦躁，越来越不满，对宫墙以外的世界越来越好奇。最后，他决定请求父亲允许自己走出宫殿，认识外面的世界。净饭王答应了，但是精心安排了一番，告诉大臣只允许健康的人向小王子致敬，这样小王子就仍然见识不到可能让其出家的苦难了。尽管父亲费尽心机地赶走病人、老人以及受苦的人，但是在宫外"探险"时，悉达多还是看到了一对偶然来到游行路线附近的老人。他既吃惊又迷惑，于是去追赶那对老人，想问问他们是谁。这样做的时候，他撞见了很多病得很严重的人。而且最后，他在河边碰到了一个葬礼，有生以来第一次见识了死亡。看到这些，他感到非常沮丧，于是决定过苦行生活，以超越衰老、疾病和死亡。他放弃了王位，放弃了荣华富贵，放弃了可以继承的一切，离开宫殿，成了一位游僧，过上孤独的生活，余生都致力于研修如何超越苦难。35 岁以后，悉达多被人们称作佛陀（Buddha），意思是"智者"、"悟者"。

人类的悲剧

佛陀的故事告诉我们，我们都免不了一死。或者引用约翰·梅纳德·凯恩斯的话说："长远来看，我们都会死。"人类面临一项可怕的心理负担：对死亡的恐惧。死亡很常见、很一般、无法避免，对死亡的恐惧也无处不在、半遮半掩。不管走到那里，死亡都像影子一样跟着我们。由于额叶的发展——人类大脑最后开始发展的部分——人类具有了展望未来的能力。其他任何动物都没有人类那样的额叶。尽管畅想未来能够令人心情舒畅，但是未来也包括死亡。这是我们为进化付出的高昂代价。

作为人，我们整个一生都知道自己会死。不管是否喜欢，我们每活过一刻，就向死亡迈进一步。死亡焦虑是最大的痛苦源。用心理学家威廉·詹姆斯的话说，死亡对于人类存在来说，就像"果核上的虫子"，第一次呼吸就预示着总有最后一次。知道总有一天会死，让很多人如此害怕死亡，以致他们从来没有活过。他们踮着脚尖走过自己的一生，目的是安全到达死亡终点。他们似乎永远不会理解苏格拉底的警言："未经探索的人生过得没有意义。"把所有时间都花在担心死亡上，人不会活得快乐。我们最大的悲哀在于，想找到方法抑制对死亡、湮灭、注定分离的焦虑，但是我们之所以会焦虑是因为我们想要活着，结果，我们大多数人都难以让自己的生活过得真正充实。

死亡焦虑会越来越严重，因为死亡认知（recognition of mortality）和生存本能是对立的。我们如何处理这对存在矛盾？我们能做些什么？我们要怎样应对？

所有人都知道自己终归会死，但是不同的人有不同的应对方式。有些人热衷于寻找超越死亡的方法，有些人则听天由命、沮丧抑郁。后者问自己，既然知道人终有一死，生前的一切努力最后都是一场空，那么为什么要劳神地活一次呢？为什么不放弃呢？有些人看到无望的尽头，有些人则看到无尽的希望。这两种选择中，后者更具有建设性。

不管走哪条路，我们很多人都禁不住想方设法改变或者压抑这种扰人的认知。然而，努力压抑的做法，可以提供源源不断的压抑性心理能量，这种心理能量在文化和历史力量的作用下，可以转变成一个充满人类创造力和智慧的万花筒。这样，我们可以说，自保本能（drive for self-preservation，与湮灭焦虑和死亡焦虑对立）是学习的动力，塑造我们的观念和行为，影响我们的思想、情感和动机。但是，这种能量不一定都是建设性的，它还能导致种族主义、宗教狂热主义、政治不宽容、暴力，以及其他种种烦人的东西。

第22章　拒斥死亡

在我听到的一切怪事中，

贪生怕死最为怪，

因为死亡是人不可回避的结局，

它要来就不会不来。

威廉·莎士比亚

人害怕死亡，就像小孩害怕走夜路一样。就像听多了鬼故事的小孩更害怕走夜路一样，听多了死亡故事的人也更害怕死亡。

弗朗西斯·培根

我并不怕死。死是为了玩人生游戏押上的赌注。

让·吉洛杜，法国著名小说家

人的一生只有一件事是确定无疑的，那就是死亡。

欧文·梅雷迪思，作家

　　动物不用面对我们人类不得不面对的存在矛盾。通常，我们认为它们完全在本能的驱动下度过一生，无忧无虑。人类就没有这么幸运，人类可能会羡慕动物的境况。讽刺的是，正是我们的进化优势、我们获得知识的能力、我们的反思能力，让我们如此害怕死亡。它让我们的防卫机制进入警戒状态，是我们极力赶走死亡念头的原因。但是，尽管如此，我们距离死亡越来越近这一残酷的现实仍然不断闯入我们的脑海。亲朋好友的去世、战争、自然灾害、乳房里的肿块、难以忽视的警句，不断提醒着我们死神正在前方等着我们。但是，只有当我们挚爱的人去世时，我们才第一次真正体会到死亡的含义。

非理性的胜利

　　尽管，理性水平上，我们知道死亡是生命不可避免的结局，但是在非理性水平上，我们的看法则截然不同。掉入无尽的虚无之中、身体腐烂瓦解，这一想法令我们难以面对、难以接受。相反，我们往往表现得好像谁都会死独有自己不会死一样。印度有部著名史诗，里面的主角叫摩诃婆罗多，当被问到"世界上最令人费解的事情是什么"时，他回答说："人们坚信永生，不顾死亡无可避免、无处不在这一事实。"这一问题提醒着我们，人们对死亡怀有矛盾心态。西格蒙德·弗洛伊德在《论战争与死亡时代》（*Thoughts for the Times on War and Death*，1915）这篇文章中，描述了与死亡有关的心理意象："我们确实难以想象自己的死亡，即使尝试去想象，也仍然只能从旁观者的视角去想象。"西班牙哲学家米格尔·德·乌纳穆诺也有类似的看法，他在《人生的悲剧意义》(*The Tragic Sense of Life*) 中写道："人和动物的不同之处在于，人想方设法逃避死亡。明知是徒劳，人为什么还要这么做呢？因为人很可怜，知道自己会死。"

死亡唤醒了我们对湮灭、孤独、遗弃、拒绝以及分离的深层恐惧。因为我们具有求生本能，所以这种恐惧会引起恐慌。

一天早晨，在荷兰一个名叫会真（Huizen）的小村庄——我小时候住在那里——"死亡暴徒"突然袭击了我。我记得，当时我坐在浴盆里，外婆一边给我洗澡一边唱歌给我听，我很快乐。突然她问我，如果她不在了，我还会记得她吗？我记得，听到她这么问，我非常恐慌。她怎么会从我的生活中消失呢？她怎么会不再存在呢？她是我小小的世界里不可或缺的一部分啊。这一念头令人毛骨悚然、胆战心惊，简直太不可思议了。我不知道要怎么回答，不愿相信她会死。我什么也不能说，但是我记住了她的问题。写这本书时，我回想起那件事，她的问题以及她的问题给我带来的感受都很清晰，就像发生在昨天一样。像悉达多一样，我觉得自己仿佛被扔出了天堂、丧失了纯真。当然，在那之前，我见识过死亡。我见过死鸟、死虫，以及横尸在路边的动物。但是，这不一样，这是人，而且是我挚爱的人。现在，一想到死亡这个概念，恐惧就啃啮着我的内心。有时，我会问自己，在死亡的阴影下，我要怎样才能活下去？最后的审判日何时到来呢？

几年之后——事情通常是这个样子——我的外婆死于肺炎。她是我身边第一个去世的亲人。我记得非常清楚，当时，她的遗体放在祖父母农家的堂屋里，供人悼念。一排一排的人走过，和她做最后的告别。我还记得村子里的送葬队伍，成百的人跟着灵车。

我还记得，当时母亲是多么的痛苦，我是多么的无助、多么的手足无措。不知怎么的，我觉得自己得为她的死负责。是我不够乖吧？应该怪我吧？但是，我多少有些放心，母亲还在，她可以照顾我。我目睹了外婆葬礼的全过程，回忆着和外婆一起度过的所有美好时光，没人注意到我这个悲伤过度的小孩。她已经不在了，她走了，她不可能回来了。我花了好长时间才接受这一事实。有时，我甚至幻想她还会回来。我记得最后一次见她时，她给了我几枚硬币，让我买糖吃。这些硬币是她留给我的念想，它们在哪呢？我不停地寻找这些硬币，似乎只要我找到了，她就会奇迹般地回来。我不想接受人死不能复生的事实。但是，我得学会接受：死亡，是所有生命里最确定的一件事，也是生命里最不确定的一件事。

悲伤的变迁

但是，故事并没就此结束。55 年后，我多年来一直害怕的事情发生了：我的母亲去世了。尽管她是寿终正寝，可是对我的打击还是远远超出了我的预期。我原本以为，有所预期的话，就不会那么痛苦，可是当事情真的发生时，我还是痛得无法形容。我认为自己对她的去世已经做好了准备，没想到这是自欺欺人。有人曾经说过："母亲的去世是在没有母亲的陪伴下所经历的第一场痛苦。"我的情绪反应如此强烈，连自己都感到吃惊。我也深深地感到——我知道，自己并不是唯一有此感受的人——在她去世之前，我本可以做得更多的。我觉得内疚。很多话还没来得及说，很多问题还没来得及回答。这些问题，以前我没有问过，现在我根本没有机会问了。我真的认识到，死亡恐惧（fear of death）会让我们付出多么惨重的代价；这样我们就没有机会好好地告别了，人类基本的意义需求（need for making meaning）和完结需求（need for achieving closure）都得不到满足。

接到母亲去世消息的那一刻，我百感交集，痛苦、沮丧、内疚、孤独，并且强烈想念已经不在了的母亲，这些情感淹没了我。最明显的是怀疑感。我无法相信她已经死了，我难以接受再也不能和她说话了这一事实。与此同时，还有麻木感。我就像一具行尸走肉，食不知味、寝不遑安。尽管我还是像平常一样生活，但是我好像对外部世界失去了兴趣，对所有活动都提不起劲。我觉得自己像瘫痪了一样。我似乎只关注自己的内心世界。

回头看来，我认识到，我屏蔽一切外部刺激，是为了通过悲伤来进行某种心理复原。这种认识我是事后才得到的，而同样的事情再也不会发生。当然，我的行为也可以看作是在否认所发生的事情，是在拒绝承认我的母亲已经去世了。我不断胡思乱想。我不敢相信，这种事情会发生在我身上。我怀疑，这只不过是个噩梦。我不断寻找我的母亲。她一直浮现在我的脑海，出现在我的梦里。我看到她的遗体陈列在殡仪馆。回想起这一幕，我的心里再次充满恐惧和痛苦，躺在那里的尸体曾经是我的母亲，它是如此熟悉，又是如此陌生，我如此渴望走近它，又如此害怕它，这种复杂的感受真的很神秘，借用一个德语说法，就是"unheimlich"（是弗洛伊德用来形容"神秘和令人恐怖"的德语词）。她的谆谆教诲还在我的耳边回响。我所碰到的一切物、事、人都在提醒我她的存在。我还记得其他几个人的逝世，特别是我的外婆，然后是一个较近的表亲、两个朋友。

讽刺的是，母亲去世之后的那段时间，我在悲伤中挣扎，意味着在我的内心世界里母亲比以往任何时候都重要。哀悼（mourning）活动可以看作无法接受某人的离世而对其投入过多的关注。我比以往任何时候都清楚地认识到，亲密关系和空气、食物、水、衣服、房子一样，是生存的必需品。很少有人在无牵无挂的情况下活得很好。我以前对母亲的存在习以为常而不重视她，现在我意识到她对我的心态平衡（mental equilibrium）来说是多么的重要。

在悲伤的状态下，我就像坐在情绪过山车上，很容易掉眼泪，很难不哭泣。我无法控制自己的情绪，这种感觉并不好受。我陷入一种失控状态，这一点让我难以接受。任何让我联想到母亲的东西都会让我悲伤。回头看来，在那段时期内，我一方面努力保持与母亲的情感联系，一方面慢慢接受她去世的事实。我意识到，悲伤的目的就是学会习惯没有她的存在。我必须接受，不仅在理智上而且在情感上，死亡是生命周期（cycle of life）的一部分。我忽然明白，我们并不是忘记逝去的人，也不是不再爱这个人。我们会一直怀念这个人。我们的挑战是接受死亡以及自己对死亡的感受，继续自己的生活。这是成长的一部分。

非常有趣的是，悲伤期间，我记起了挪威画家爱德华·蒙克的一幅画,《死去的母亲和孩子》。我一直觉得这幅作品非常令人震撼又令人不安。蒙克的一生中,死亡是重复出现的主题,疾病则是常客。他还是孩子时,他的一个弟弟和一个妹妹就生病夭折,另外一个妹妹被诊断出精神病。他结婚 3 个月后,他的另外一个弟弟去世了。蒙克的双亲死得都很早,母亲在他只有 5 岁时死于肺结核。蒙克自己也经常生病。

这幅震撼人心的画作,画的是一个小女孩背对着她死去的母亲(母亲躺在床上)。现场没有其他人打破她的孤独感。女孩的眼睛睁得大大的,因为怀疑;她的脸扭曲变形了,因为悲伤;她的手捂着耳朵,因为不想接受事实。女孩似乎准备尖叫,这个样子让人联想到蒙克最著名的作品《尖叫》。《死去的母亲和孩子》正好刻画了母亲去世后我所体验到的感受。

我正在进入一个未知的领域,里面充满让人难以承受的痛苦感和丧失感。我的脑子里全是有关母亲的念头。我比以往任何时候都强烈地感受到她的存在。我心里充满愤怒、内疚和遗憾。我生自己的气,为了她还活着时我所做过的和没有做过的事情。"我本该做得更好的",这句话一直折磨着我。"早知如此的话",很多事情,我本不该那样做的。尽管理智告诉我,"悲伤工作"是让我能够继续正常生活的一道必要程序,但是,它也意味着与母亲分离,调整自己适应没有母亲的世界,形成新的关系。我还没有准备好这样做。

我认识到,悲伤是丧亲(bereavement)体验的内在含义,是悲欢离合不可分割的一部分,代表了我们面对亲人的去世在情感上、认知上、行为上和身体上的反应。相比之下,哀悼则是悲伤的外在表现形式，是对死亡的仪式化反应。它包括葬礼仪式、守夜规矩、着装要求及其他正式礼仪。某种意义上，我们可以把哀悼看作"公开进行的悲伤"。葬礼是安慰生者的仪式化活动，是大家为缅怀死者所做的努力。

母亲的去世让我明白，悲伤和哀悼是人的境况的一部分。这些痛苦的活动，是承认死者重要性的方式，是为了说明这个人生前给我们做了多大贡献，死后给我们带来多大损失，是对丧失亲人的痛苦感和不公感表示尊重。

渐渐的，我开始明白，我们的社会有种远离悲伤，而不是在悲伤中越陷越深的倾向。这让悲伤变得更加艰难。从周围某些人的反应中，我觉得当今社会并不鼓励悲伤。人（特别是男人）应该坚强，哭泣是可耻的。毕竟，男儿有泪不轻弹。很多人认为哭泣是软弱的象征，相反，默默地承受痛苦才是令人敬佩的。我们经常听到的劝告是"节哀顺变"。人们认为应该独自处理自己的悲伤，尽早走出悲伤，或者应该压抑悲伤情绪。公开地表达悲伤情绪，可能被人看作是"软弱的"、"疯狂的"或者"自怜的"。悲伤工作应该高效地完成。但是，我发现，掩藏悲伤或者逃避悲伤只会导致更强的焦虑和更大的混乱。"坚强"不仅难以做到，而且是一种压抑，很多感受憋在心里，这些感受往往会在日后以一种意想不到的形式爆发出来。当母亲去世时，我的脑子里冒出很多想法、感受和回忆，我得允许自己通过哭泣把它们表达出来。

就像没有照看好生理伤口可能引起更大的生理损伤一样，没有照看好心理伤口也能引起类似的结果——从悲伤到抑郁。我认识到，我得正视自己的痛苦和其他情绪。所有的丧失都需要用某种方式加以哀悼。我也明白，那些承认自己的悲伤、用健康的方式表达痛苦的人，生活能更快地步入正轨，能用更好的心态迎接前面的挑战。对我而言，重要的是和家人、朋友分担痛苦。与他人谈论自己的痛苦感受，这是非常重要的。

尽管我努力忍着不哭泣，但是我发现哭泣是释放紧张情绪、放松身体的绝佳方式。哭泣之后，我好受多了。我把哭泣看作让身体免受自责念头"荼毒"的一种方式。另外，哭泣也是寻求安慰的一种方式。哭泣之后，我能与别人讨论我的母亲了。哭泣也是我与逝去的母亲创造连接的一种奇妙的方式。我还认为，哭泣有助于悲伤和哀悼。哭泣的时候，我在回忆过去的欢乐和痛苦，在决定以后要怎么做，在面对内疚感，在表达对没能挽救我母亲的医院的敌意和憎恨。

日子一天天地过去，我意识到我不可能回到过去。我明白我需要接受现实，在没有母亲陪伴的情况下继续活下去。我需要承认，她的死以及她的死给我带来的悲伤和痛苦，是生命不可避免的一部分。我要在理智上和情感上接受母亲去世的事实。尽管丧失感并没有消失，但是它不再那么锥心刺骨了，强烈的悲伤感出现得也不再那么频繁了。我知道我喊不回母亲了，但是我也知道她还活在我的心里，我永远不会忘了她。我也更加清楚，我得继续自己的生活，让生活恢复正常。我得对丧失做出妥协。

翻看母亲的相册，让我受益匪浅。她的形象似乎刻在了我的身上，我内化了她的态度、行为和价值观。照镜子时，我能在自己的脸上看到她的影子。我更加清楚：我是多么的怀念她，我自己就是她生命的延续。我意识到，我与母亲之间曾经是多么的相互依赖。母亲身上我所不喜欢的东西，很多也存在于我自己的身上。似乎，我在想方设法让她留在我的心里。

看着那些老照片，我意识到过去的回忆和现在的事情之间的联系，意识到回忆对有意义的生活来说是多么的重要。与他人的关系（不管这个人是死了还是活着），似乎塑造了我的自我感以及我的生活方式。整个过程中，我都在与母亲对话，从太平间里只剩下我和她开始，我跟她谈论我的梦想，我感到她在某个地方存在着。她一直存在着，又一直不在。而且，我得谈论她。尽管我想一个人待着，但是我也需要别人帮我走过悲伤。引用一句土耳其谚语："掩饰悲伤的人，是无法找到悲伤的解药的。"悲伤必须加以处理，否则以后它会以几倍的强度爆发出来。悲伤需要时间加以消化，它是人的境况的必要部分。

我发现，我不会轻易从母亲去世的打击中恢复过来。这一过程一定很漫长、很艰巨。为了恢复过来，我得允许自己自由地感受所有可能萌生的情绪，尽管很痛苦，但是我必须有耐心。莎士比亚的《查理二世》中有句话让我很有共鸣："我的悲伤很深很深，痛哭对于我的悲伤来说，只是冰山一角。我的灵魂备受煎熬，悲伤还在悄悄滋长。"悲伤没有时限，没有完结日期。很多情况下，悲伤情绪可能持续数周、数月，甚至数年。时间是唯一的也是最好的解药。理智上，我知道我不该压抑这些情绪，但是情感上我难以一贯如此。我意识到，谈论自己的感受是很重要的事，但是有时我会犹豫要不要这样做。未了结的悲伤往往会让我们关闭心扉。同时，尽管有些人在努力安慰我，但是我知道没人能够真正感受别人的悲伤。

悲伤的阶段

研究者将悲伤划分为四个阶段：

1. 震惊和麻木期（shock and numbness）：丧亲过后通常会立即进入这个阶段。正如我的例子所阐释的那样，丧亲者难以接受亲人离去的事实。他／她感到震惊和麻木。

2. 渴念和寻找期（yearning and searching）：震惊和麻木的感觉消退后，丧亲者往往会"忘记"亲人已经死了。哀悼中的人会妄想所发生的一切只是一个噩梦，并不愿从妄想中醒来。

3. 解组和绝望期（disorganization and despair）：这个时期，丧亲者逐渐接受丧亲的事实。这一痛苦的过程通常包含一系列感受、想法和行为，丧亲者也会感到生命失去意义。正如我自己的经历所阐释的那样，觉得抑郁和难以考虑未来，是常见的反应。这个时期，丧亲者会对外面的世界失去兴趣，也不关心未来。

4. 重组期（reorganization）：渐渐的，丧亲者会淡忘丧亲的事实。他／她认识到，因为亲人的离去，生活发生了显著变化，但是自己得让生活恢复正常，继续活下去。丧亲者会生出重组感和新生感。丧亲者会怀念逝去的人，但是开始学习如何在没有这个人的情况下生活。

诗人亨利・沃兹沃思・朗费罗曾经写道："没有什么悲伤像没有说出的悲伤一样。"我们哭得最多的是还未来得及对死者说的话和做的事。不同的人有不同的方式处理悲伤。我们每个人必须用自己的方式单独面对悲伤。眼泪可以比作灵魂的血液，是疗伤的良药。但是，正如伊壁鸠鲁所说的那样："任何疾病都可以找到防护墙来抵御，但是死亡没有。"悲伤绝不会死，而且复苏起来并不费力。

第 23 章　死亡与生命周期

当我以为我在学习如何活的时候，其实我在学习如何死。

> 莱昂纳多·达·芬奇

伊凡·伊里奇（小说《伊凡·伊里奇之死》的主角）的一生极其简单、极其平凡，因此极其恐怖。

> 列夫·托尔斯泰

自我出生的那一天起，死神就启程了，不慌不忙地走近我。

> 让·科克托，法国作家

心理学意义上，死亡和出生同等重要……逃避死亡是不健康、不正常的行为，会让下半生失去目的。

> 卡尔·荣格

正如我的亲身经历所阐释的那样，死亡也许是生命中最难应对的事件，但是我们为死亡所做的准备也是最少的。我们得接受丧失和悲伤是生活天然的一部分，尽管这很难做到。不幸的是，无论是在理智上还是在情感上，我们都无法与死神和平共处。相反，拒斥死亡是人类最常见的行为模式，而且这种行为模式会伴随人的一生。所幸的是，抑制、压抑以及其他麻醉意识的举动，有助于缓解我们对死亡的忧虑，并有效发挥功能。然而，不管我们做什么，痛苦感仍然萦绕在心头。这种感觉被日本人描述成"物の哀れ"，意思是"物哀"①。

人类行为学显示，大人对死亡的看法和小孩没有多大的不同。值得注意的不是小孩长大后如何看待死亡，而是大人能够多大程度上终生坚持小时候的信念，以及大人能够多大程度上轻易拾起小时候的信念。小孩对死亡的看法和他们早期获得的对死亡的心理防卫机制是分不开的。儿童心理学的研究表明，死亡焦虑和分离焦虑——小孩与母亲或其他养育者分离时出现的一种消极的情绪体验——有很多共同点。

从行为学的角度来看，这些行为模式的源头是基本的依恋行为（依恋行为的原始目标是物种生存）。正如我在第1篇讨论性欲时所指出的那样，小孩的依恋行为（比如哭泣和寻找）可以看作与主要依恋对象（支持、保护和照看小孩的人）分离时的适应性反应。因为人类的婴幼儿和其他哺乳动物的婴幼儿一样，不能喂养自己，也不能保护自己，所以它们最初完全依赖他人的照顾和保护。在人类进化史上，能够与依恋对象保持亲近的婴幼儿更可

---

① 物哀就是情感主观接触外界事物时，自然而然或情不自禁地产生的幽深玄静的情感。——编者注

能活到生育年龄。物种生存，意味着依恋行为是人类的基本特征，也意味着人从摇篮到坟墓的体验都由依恋风格主导。小时候与母亲之间的依恋关系越安全，长大后越不可能出现与害怕分离、担心遭弃有关的问题，出现与死亡焦虑有关的问题的可能性也越小。从成人处理成人依恋关系中分离焦虑——外推到死亡焦虑——的方式，可以看出他／她小时候与母亲或者其他养育者之间依恋关系的质量。

随着年龄的增长，我们对死亡的恐惧会有所变化。当我们变老时，我们距离死神越来越近，对死亡的态度也会转变。40 岁以前，我们是不怕死的，觉得生命还很长。40 岁过后，身体一天不如一天，则会觉得生命所剩无几了。对年轻人来说，死亡只是遥远的传说，没有哪个年轻人会真的觉得自己会死。随着年纪越来越大，身体越来越虚弱，我们对死亡的概念越来越清晰。

青少年第一次考虑死亡这个问题时，可能一方面会觉得死神离自己还很远，一方面又觉得生命是那么脆弱、死亡是那么恐怖。生命之中的这个时期，人会藐视死亡，做些不怕死的事情，死亡焦虑被压抑。年轻人通常会体验完他们所希望体验的一切，之后才开始考虑死亡的问题。做了父母的人最担心的则是，如果他们死了，家人们该怎么办。上了年纪的人经常念叨的则是，"活得太长"不仅对自己没有什么用，而且会给家人造成负担。

生命的不同阶段，人对死亡有不同的看法，这让我想起一个故事。

一天，一个富商向一位禅师祈福，希望事业兴旺、阖家幸福。

大师挥动笔墨，写下了"祖死，父死，子死"六个字。

富商很生气。"你怎么这样诅咒我的家人？"他问。"这不是诅咒，"大师说，"是对你最大的祝福。我希望你家里的每个男人都能活到当祖父的年纪，希望你家里不会有儿子死在父亲之前。还有什么比家人以这样的顺序去世更幸福的事情吗？"

整合与绝望

精神分析学家埃里克·埃里克森对人的发展有着敏锐的观察，他把人生的最后阶段描述成两种相反的立场或者态度（或者性情，或者情绪力量）之间的冲突，表现形式就是整合与绝望之间的对立（Integrity Versus Despair）。根据埃里克森的说法，整合指在生命里创建秩序和意义，意味着内心平静、与外界协调，没有遗憾、没有内疚。自我整合的人更可能用一种积极的心态回顾自己的一生，觉得自己对这个世界有所贡献。自我未能整合的人，则会陷入绝望，会用"酸葡萄"的心态想象自己的一生原本可以是另外一种样子，觉得自己浪费了很多机会，心中存有很多遗憾，渴望时光倒流、重头来过。这种人还非常害怕丧失自给能力，也非常怕死。

埃里克森还指出代际之间存在相互影响。父母或者祖父母的行为对孩子的心理社会发展（包括对死亡与濒死的态度）有着显著的影响。反过来，父母或者祖父母的心理社会发展则受他们与孩子之间的关系的影响。

列夫·托尔斯泰的著名小说《伊凡·伊里奇之死》，探索了罹患绝症、濒死体验以及灵魂复苏的心理，是此类小说中最感人、最令人难忘的一部。

伊凡·伊里奇之死

这部小说写于 1886 年，叙述了作者本人在面对可怕的、不可避免的死亡时对意义的寻求。托尔斯泰的小说展示了当代文化认为非常重要的东西——财富、安稳、名声、家庭——也展示了主人公一步一步迈向死亡的心理过程。任何想善终的人，任何想最大限度利用有限生命的人，任何想让生命具有意义的人，任何想真正活过一回的人，托尔斯泰的小说对他们来说，都是一个挑战。

伊凡·伊里奇是个传统的有家有室的男人，职业为法官，具有很高的社会地位。他似乎什么都有：好职业，妻子，孩子，朋友以及爱好。他娶了一个漂亮的女人做妻子，尽管他们的婚姻很现实，没有多少感情基础。他是一个非常成功的法官，具有有助于其职业发展的政治悟性。

随着时间的推移，伊凡完全不顾家了。他把家当成旅馆，认为妻子的功用不外乎服侍他吃饭、给他做家务、陪他睡觉。他和孩子的关系也好不到哪里去，和孩子之间的交流只停留在表面。而且，他也不是一个称职的法官。小说让我们明白，跟现代社会的很多人一样，对伊凡来说，金钱和工作是所有幸福的根基。但是，金钱和工作也是他逃避虚伪的婚姻生活的借口。他的人生是未经审视的，他只是浑浑噩噩地过日子。讽刺的是，尽管他经常处理涉及死亡的案子，但是他似乎从未仔细思考过自己的人生。

小说继续向我们展示了伊万面临死亡时所经受的肉体和精神

折磨。一天，伊凡醒来，觉得身体某处隐隐作痛，而且随着时间的推移，疼痛不但没有消失，反而越来越严重了，最后他不得不去看医生。然而，没有一个医生能给出确定的诊断结果，不过有一点很快就确定下来——他已经病入膏肓。现在，伊凡必须直面死亡了。他很困惑，因为直到现在，死亡和濒死对他而言只不过是抽象的概念。

随着疼痛持续加重，伊凡的生活遇到了越来越多的问题。首先，他不能工作了，因此也就不能拿工作作为逃避家庭的借口了。然后，因为他的病，人们开始瞧不起他。很少有人同情他的遭遇，他的病让人害怕。和一个濒死的人相处，人们觉得不舒服。

他曾经称之为朋友的那些人，也用他过去对待他们的方式对待他：漠不关心。甚至他的妻子也觉得他的病很讨厌。他所需要的不过是怜悯，但是没人愿意给他。这些烦人的际遇让他越来越明白，他以往就像机器人一样活着，从不让感情影响生活和工作，从未建立真正的、有意义的关系。但是，现在他就要死了，他允许自己变得感性一些。

临终之时，伊凡仍然希望能够奇迹般地康复。同时，他安慰自己说，尽管他很不幸运，要早早地死去，但是他死后，妻子和儿子都有人照顾。然后，伊凡突然明白，财富、豪宅、政治权力、漂亮妻子，结果都毫无意义，不过是一场空。他很害怕，困惑于这个问题："如果我的整个一生不过是个错误，那会怎样？"在临终前得出这一结论是很恐怖的事情，这让伊凡感到非常心痛，这种痛胜过身体上的病痛。自己的一生本可以过得充实而有意义，但实际上过得毫无价值，知道这一真相是十分痛苦的事情。而且，现在为时已晚，他什么都不能做了。

我们很多人就像伊凡·伊里奇一样，浑浑噩噩地过日子。我们很多人不敢探索自己内心深处的感受，害怕发现什么不好的东西。我们很多人不顾别人的感受，不同情别人的痛苦，害怕做出格的事情。我们很多人，没有创建有意义的关系。伊凡·伊里奇的一生说明了这一切。

托尔斯泰的小说告诉我们，生命中真正重要的是创建有意义的关系，有人在身边嘘寒问暖。他也告诉我们，死亡是生命不可避免的一部分，积极接受这一简单的现实是活得意义的先决条件。但是，伊凡身边似乎没有哪个人（除了他的仆人）明白这一点。他们都把将死的伊凡看作闯入他们生活的烦人的异物，他们本可以过得很舒服的。他们希望他赶快死掉。

托尔斯泰还描写了伊凡躺在床上面临费解的、恐怖的死亡时，如何在绝望和希望之间徘徊的。小说的结尾，伊凡的疼痛不仅成为他的存在的中心事实，也是他的解脱手段。通过锐化和凸显他所有的感受，疼痛挽救了他。伊凡发现，濒死过程中的疼痛是了解自己和灵魂复苏的催化剂。讽刺的是，在象征意义上，通过承受死亡的痛苦，伊凡重新认识了生命。

这一情节强调了活得机械僵化且没有意义会造成严重后果。但是通过这篇小说，托尔斯泰还告诉我们，人可以改变，即使在迟暮之年。我们每个人都能救赎，即使这一过程非常痛苦。然而，只有面对死亡时，伊凡才能获得足够的距离去审视自己无谓的一生的真实意义。一旦他看到这一点，他就能看到有意义的一生应该是什么样子的。最后，在断气之前，伊凡看到了一道光（他是这么描述的），并且认识到，死亡只是对他过去的生活做个了结，他真正的生活才刚刚开始。

尽管《伊凡·伊里奇之死》的主人公生活在 19 世纪，但是从他身上，我们可以看到生活在 21 世纪的现代人的所有特点：人际关系疏远，只有逼近的死亡才能让他寻求真正的意义。在死神敲门之前，伊凡自以为死亡这种事情只会发生在别人身上，自己不会死。拒斥死亡一直是他生命的主题。从他的例子可以看出，希望和逻辑没有关系。但是，伊凡的命运——也是每个人的命运——说明，既然我们终有一死，那么我们就要思考应该怎样活着。这里，我们需要感谢托尔斯泰给我们传递了这一信息，它看似简单，但是不受时间和文化的限制。

此外，当托尔斯泰向我们展示伊凡在死神面前的挣扎时，我们也面临着审视自己的生命以及生活方式的挑战。

第 24 章　超越终极的自恋性创伤

相信你自己，然后你会知道怎样活。

约翰·沃尔夫冈·冯·歌德

我为你做过的最大的一件事就是活得比你长，但是，这已经够多了。

埃德娜·圣·文森特·米莱，美国诗人

祈祷孤独能让你找到为之而活的事情，这件事情很伟大，伟大到为之付出生命也在所不惜。

达格·哈马舍尔德，瑞典外交家

西藏喇嘛有句话是这么说的："你出生时，你在哭，大家在笑；你去世时，你在笑，大家在哭。"因为我们对死亡的恐惧源自分离焦虑，所以死亡可以看作分离的终极形式。像伊凡·伊里奇一样，我们用拒斥和仪式来应对挥之不去的死亡阴影，控制基本的死亡焦虑。我们喜欢对生命周期施加些许控制。仪式有助于我们处理伴随死亡的悲痛。

死亡可以比作永远的告别、最终的分离、终极的拒绝。挚爱的人去世，我们会说他／她"抛弃"了我们，让我们孤单地独活。面对死亡，我们会产生无助感，这种无助感会让自我萎缩，而自我萎缩是终极的自恋性创伤（narcissistic injury）。

死亡仪式

不仅想到自身的死亡会令我们所有人烦恼，遇见别人的死亡也会给我们同样的感受。直面死亡对我们的思想和行为有着深刻的影响。死亡对大多数人来说是非常恐怖的，为了应对这一恐怖事件，人类发明了数不清的仪式。

每次有人死了之后，人们问的第一个问题是：谁是下一个？什么时候轮到我？人类一直在寻找克服这一焦虑的方法。这也是为什么每个社会都有一大堆丧葬仪式，而不是简单地处理一下遗体。对死者需要致以哀悼，他们不该那么轻易地被放弃。为了处理自身对死亡的恐惧，我们发展了数不清的方式缓解湮灭恐惧，或者说对完全丧失自我的恐惧。

很多文化的很多社会信念和习俗，似乎都在拒斥死亡。原始社会非常依赖仪式典礼来驱除妖魔鬼怪，保护个人或者整个氏族（或者部落，乃至国家）的平安。在很多文化里，人们举行很多仪式典礼为死者送行，以安慰活着的人。这些仪式典礼和生命的周期有关，能提供某种延续性，赋予生命的苦难和终止以宇宙意义

（cosmic meaning）。这些仪式典礼让死亡变得不再那么恐怖，也能提供安慰，让死去的人带着尊严勇敢地上路，帮助活着的人在悼念完亲人之后继续活下去。然而，这些仪式典礼也存在文化差异性。有些文化把死亡看作向另外一种存在形式的过渡；有些文化则认为生和死之间还存在一系列连续状态；有些文化则构想出生死轮回的概念；还有一些文化把死亡看作最后的终点，死亡之后只有虚无。

不管采用什么仪式，哀悼活动对于活着的人来说都是十分重要的。这些仪式的主要目的是缓解死亡焦虑，帮助我们继续活下去。它们帮助我们应对存在困境（由死亡焦虑引起的），让我们觉得自己仍然活着。没有这些仪式，死亡恐惧则会以一种极端的形式爆发出来，甚至让我们活不下去。然而，在这些带有文化特征的仪式活动的帮助下，我们更可能成功应对死亡恐惧，创造意义、秩序、延续性，向我们的生命注入希望。为了创造希望，这些起着过渡作用的仪式为死亡——谁都不知道死亡到底是怎么一回事，谁都对死亡心存疑惑——提供了很多意义和具象。这些仪式能为将死之人以及他们的亲人提供安慰。

感觉活着

自恋伴随人的一生，婴儿就具有原始的、天生的自恋。某种程度的自恋——拥有顽强的自尊——对人类的机能和生存来说，是必要的。

自我感觉良好——喜欢自己——是自主性、创造力以及领导力的基础。顽强的自尊向我们保证：我们是重要的，我们能起作用，尽管我们知道自己终有一死。向别人展示自己的成就，是声明自己存在的一种方式，是保证自己"还没死"的一种方式。能够相信自己，是一种至关重要的能力。

我们一生之中做过的最重要的评判，就是对自己的评判。为了建立积极的自尊感，我们必须欣赏自己的成功，不要反复唠叨生活中不如意的一面。对死亡怀有一种病态的担心，就像在人生的旅途上一直捏着手刹开车。担心某天碰上死神并不利于建立（或维持）自尊感。为了继续感到这个世界还有角色需要我们承担，我们需要积极地活着。同时，我们也该牢记我们的角色并不是暂时的。

处理死亡焦虑的同时维持自尊感，这并不容易。自尊是不能孤立地存在着的。为了建立和维持积极的自尊感，我们需要不断向世人证明自己的存在。他人的帮助对于我们的心态平衡来说是非常重要的。我们不是根据自己的标准来评判自己，而是根据对我们而言很重要的人的标准。我们付出巨大的努力追求成功，向别人证明自己，如果我们成功了，并且这种成功符合世人的定义，那么我们的归属感和自尊感就会增强。成为某个群体的一部分——这个群体可以是核心家庭，可以是某个社会团体，乃至整个社会——会让我们感觉良好。自我感觉良好是死亡焦虑的绝佳解药。没有什么事情能像别人承认我们的成就那样，能够极好地增强我们的自尊。

自尊应该被看作一个带有文化特点的概念，生命早期，我们在与父母的相处经验中发展出自尊。在所有的文化中，家庭对个体的人格有着不可磨灭的影响。家庭向我们灌输与社会信念系统——包括与死亡有关的信念——相容的价值观。当我们相信我们的所作所为符合所处群体内在的价值观时，我们就会获得积极的自尊感。如果不符合群体标准，我们就会感到不安。出于自我肯定的原因，我们需要他人认可我们的世界观。如果他人不认可，我们也许会将之解释为对我们自我的侮辱，或对我们存在的威胁。

为了肯定我们的自尊、维护我们的存在，防止我们的自我受到终极侮辱——不可避免的死亡——我们不惜一切代价让自己的生命"充满意义"、"永垂不朽"。我们害怕自己对所处的群体来说是微不足道的，让生命"永垂不朽"则是压抑和克服内心这种恐惧感的巧妙方式。为了驱走对死亡和卑微的恐惧感，我们不得不创建出一套能够创建延续性的心理构想。让生命"充满意义"、"永垂不朽"，这些增强自尊的做法就像我们的遮羞布。让生命"充满意义"，有助于我们记住，生命中除了死亡之外还有很多其他东西。生命是有意义的，我们每个人活着都有特殊的使命，坚信这一点有助于我们驳斥"反正都是要死，不如不活"这一宿命论想法。

为了阐释这一点，我想再次谈及英格玛·博格曼令人难忘的电影《野草莓》。电影以伊萨克·博格的一个噩梦开场。梦里满是死亡的象征，一个送葬队伍、没有指针的钟（象征着时间正被耗尽）。伊萨克·博格发现自己躺在棺材里。他从梦中惊醒，害怕得几乎不能动弹，于是大声说："我叫伊萨克·博格。我还活着。我 76 岁。我真的感觉非常好。"醒来后，伊萨克企图忘掉噩梦想要告诉他的东西：他离死亡很近了。于是，他再次申明他还活着以及他是谁。伊萨克担心再做噩梦、再次碰到死人，怎么也睡不着。于是，他把全家叫醒，决定从斯德哥尔摩开车前往兰德，在兰德的一所大学里，他的自我将得到一次巨大的肯定——他将获得荣誉博士学位。他需要马上让这件事情变成现实，他要证明自己还活着，要加强自尊感，驱走正在浮现的死亡焦虑。告诉他他正在接近死亡的噩梦，似乎增强了他进行自我肯定的需要，也增强了他趁着还有时间，赶快修复与家人矛盾重重的关系的需要，尤其是重新与儿子建立关系。

电影中的这段特写，阐释了我们行为的目的——与自我肯定、自尊以及死亡焦虑有着密切的关系。然而，我们必须记住——可能听起来有些奇怪——我们对死亡的认识还很抽象。正如弗洛伊德所指出的那样，我们一直扮演着观众的角色，即使在考虑自身的死亡时。就像伊凡·伊里奇所发现的那样，只有在将死之时，只有当我们的身体严重衰竭时，死亡才变得具象起来。但是，不管我们是不是观众，我们心头一直萦绕着对孤独和终极分离的焦虑感。这些感受触及我们存在的自恋内核。孤独是非常可怕的事情，它能撕裂我们的灵魂。

我们相信：归属于某个群体，令我们的自我得以延续。这种信念只有在某种特定文化世界观里持续存在，自尊才能起到缓解焦虑的作用。而某种特定文化世界观的信念，是通过布道宣教、文化仪式、人际背景及群际背景下持续的社会认可等方式保持的。

因为某种特定文化世界观的信念取决于他人不断的一致认同，这里所说的他人是指那些质疑这一文化世界观的人，或者是倡导另一文化世界观的人，这两种人都威胁到我们的平衡。质疑被看作对自我的攻击，导致存在焦虑。如果历史是位老师，那么他会告诉我们人类会用尽一切办法驱赶这些威胁自尊的东西。这也解释了，为什么我们对有着不同意识形态和宗教信仰的人往往怀有敌意。

为了维持自我概念、强化自尊，我们努力让自己的言行符合我们所在的文化为我们的社会角色设定的标准。不同的文化有着不同的是非观。我们需要肯定自我，这意味着外人经常被视作威胁。"另类"常常被解释为抛弃我们所珍视的信念系统——尤其是那些和拒斥自身死亡有关的信念。违背普遍的价值观会引起极大的焦虑，焦虑之后还往往跟随着攻击。

不幸的是，人类历史充满不人道的行为，这种行为的目的是拒斥自身死亡。"如果得不到你想要的，那就珍惜你所拥有的"，现代人似乎不愿遵从这一规则。相反，我们通常用武力来向别人证明，他们的信念是错误的。死亡焦虑是对自尊最大的威胁，并且解释了为什么当别人的意义系统不符合我们的意义系统时我们会激动。讽刺的是，作为制造意义的物种，我们似乎不能容忍不同于我们的意义系统。阿拉伯有句谚语说："当你的观点与众不同时，人们就会谈论你。"然而，我听说，人们进行辩论通常是为了肯定自己的观点，或者正如伏尔泰所说的那样："在这个小小的地球上，观点不同引起的麻烦比瘟疫或者地震引起的麻烦还要多。"

第 25 章 不朽体系

世界上的一切都是造物主努力创造出来的，没有什么东西是死的。

> 塞涅卡，古罗马哲学家

人生的每件事都要好好做，就当那是你生命中最后一件事一样。

> 马克·奥勒留，哲学家皇帝

因此，重要的不是生命的普遍意义，而是某个人的生命在某个时刻的特别意义。

> 维克多·弗兰克，奥地利心理学家

人不是一团简单的原生质，而是一种有名有姓的生物，人类所生活的世界不仅有现实，而且有梦想。他的自我价值感是符号学意义上的，他所珍视的自恋主义是以符号为养分的，是以有关其自我价值的抽象观念兴养分的，这些观念由声音、词语和形象构成。

厄内斯特·贝克尔，英国文化人类学家

意义感可以驱走无用感和孤独感。创造意义意味着创造希望。而希望对于生命的意义来说，就像呼吸对于身体一样。如果我们能够找到为之而活的东西，找到生命的核心意义，那么再大的苦难也是可以忍受的。由于这个原因，很多圣人的苦行生活可以看作成功超越苦难的例子。意义、自我肯定以及自尊是紧密纠缠的，如果所做的任何事情都有意义，那么我们的自尊就会增强，我们的存在也会得到肯定。

我们要去向何方

正如我在评论高更时已经说过的那样，我们会问自己一些存在性问题，比如"我是谁"，"我来自哪里"，"我该做什么"，"我死后会发生什么事"，为的是解读自己的生命，在某个群体为自己找到一席之地。思考这些问题有助于我们构建意义、永久性和稳定性，会增强我们的自尊感，传达一种希望——希望获得抽象意义上，甚至字面意义上的不朽。

因宗教信仰而不朽

每个文化通过倡导一些要求人们遵守的规范，让我们有机会找到意义、永远活着：象征意义上，通过生产伟大的作品，创造超越个人有限生命的东西，比如政治形态、哲学体系或者科学理论；字面意义上，通过宗教信仰，比如相信死后进天堂、相信有轮回。我们将自尊建立在那些能够提供永恒、持久的意义的东西之上：国家、部落、种族、新世界蓝图、不朽的艺术、科学真理、自然律动或者宗教信仰。认同宗教的、政治的或者文化的不朽体系（immortality systems），是保证我们延续性和永久性的一种方式。

这些信念体系都承诺，将我们的生命与持久的、永不消失的意义联系起来。这些不朽体系有助于我们相信：尽管我们个人是渺小的、脆弱的、终归会死的，但是我们的存在有着永恒的意义，因为我们可以创造某种永恒的东西并借助它们而存在。

我们所有人都清楚，我们需要与渺小恐惧（fear of insignificance）作斗争。我们需要被承认，我们需要被欣赏，我们需要肯定自己。我们的自恋情结、尊重需要和归属需要，说到底，是为了对抗萦绕在我们心头的死亡恐惧。觉得需要用社会主流价值观评判自己，这似乎是我们这个物种无法逃脱的悲惨命运。我们想出人头地，想成为英雄，想向世界证明自己。我们想表达自己的观点，想让别人不打断自己说话，想让自己所说的话有分量。但是，我们在自我欣赏、自我陶醉的自恋情结中陷得越深，我们就越难接受注定的命运，越难面对死亡。然而，当我们接受了"我们都会死、我们都不会永生"这一点时，许多人的挑战就会变成寻找某种不会消失的东西，某种让自己不朽的东西。

宗教一直有缓解湮灭感、无助感、分离焦虑和遗弃焦虑的作用，也有赶走威胁自尊的念头的作用。《圣经》告诉我们"最后一个应被摧毁的敌人就是死神"，并让我们相信有来世，构想出"希望之乡"（上帝允诺给亚伯拉罕的地方）。宗教，是一套用于驱散恐惧感和焦虑感的复杂的信念和仪式体系，是人类应对死亡恐惧的绝妙方法。通过宣扬有关来世的信念，宗教起到安慰世人的作用，成为社会不可或缺的一部分。而且，比如说，基督教把天堂当作终极目标，为其信徒提供了一件具体的激励物，让他们能够真实地活着，即使这样意味着更多痛苦、更少乐趣。而且，宗教还提出一个具体的规则：今生遭受的苦难越多，来世得到的回报越大。如果天堂真的存在，那么我们当然愿意在今生受苦，以求来世获得更大的、更持久的回报。《圣经》里说过："那些头已经在天堂的人，不需要担心脚踏进坟墓。"

这样，在寻找不朽体系的过程中，我们认同某种宗教形态，甚至是某种政治形态（共产主义包括很多如何不朽的信念），采纳带有某种特定文化烙印的观点，将终极意义寄托于其中，并视之为绝对的、永恒的真理。尽管宗教强调有道德地活过今生，但是笃信宗教往往会导致无数暴力事件。人们都认为自己所信仰的宗教是唯一正义的。法国数学家兼哲学家布莱斯·帕斯卡曾经说过："人们只有在奉宗教之名时才会如此彻底、愉快地进行邪恶之事。"所以我们攻击、贬损——甚至扼杀——其他不朽体系的信徒。基督教徒扼杀犹太人和穆斯林，路德教徒扼杀天主教徒，穆斯林诽谤、扼杀基督教徒，佛教徒扼杀印度教徒，不同宗教信仰之间的冲突似乎永无止境。似乎，有人想让我们——疯狂地——相信，某个国家、某个民族（或者其他某个群体）的人，可以为了进天堂而以上帝的名义做出不齿的事情。

因生殖而不朽

不管我们如何看待宗教在社会中的作用——不管它是诲人从善的力量还是教人作恶的力量——宗教都是最重要的不朽体系。但是除此之外，还有其他拒斥死亡、追求永生的方式。我们只需谨记弗洛伊德的格言："正常"的人格应该具有"爱和工作"的能力。解析弗洛伊德所说的"爱"，就会谈到生殖。死亡是个难以接受的概念，应对死亡的一种方式就是制造孩子。哲学家约翰·怀特海说过："孩子是我们向一个我们看不见的未来时代所发送的活信息。"孩子是父母自我的映象，因为父母会将自己的抱负、理想寄托在孩子身上。孩子还会传承父母的信念和价值观。如果我们无法接受自己的抱负或理想湮灭的事实，那么孩子可以成为我们的逃生阀。通过自己的孩子而活——让孩子承担起这一"不可能任务"——是克服死亡焦虑，达到以生命的意义和延续性为中心的心理平衡的一种方式。生殖是个自然的不朽体系。阿尔伯特·爱因斯坦曾经说过："如果我们能够通过孩子或者下一代而活，死亡就不是终点。因为他们就是我们的化身，我们的肉身只是生命之树上枯萎的叶子。"很多社会里，生儿育女都是追求不朽的重要方式。摩洛哥有句谚语说得很直白："如果一个人身后留有子嗣，那么他就没有死。"百年过后，真正重要的不是我们开过什么车、住过什么房子、挣过多少钱、喜欢什么衣服，而是我们的孩子对我们的记忆。

因工作而不朽

弗洛伊德的等式里还有第二样东西——工作。工作是应对死亡焦虑的另外一种方式。从很多方面来说，工作都是一种有效的不朽体系。有些人——比如工作狂，极其敬业，身心完全被工作占据——做得有些过头，他们只有在工作时才感觉自己是活着的，他们需要忙忙碌碌，需要不停地做事。这种病态的防卫模式是他们应对死亡焦虑的方式。

有些人则遭受着"大夏情结"（edifice complex）的折磨，需要创建一个公司、一栋大厦或者其他有形的成就作为传世之物。这些人喜欢用自己的名字给大厦命名。创建一个商业实体并让家族成员继承下去，是他们实现某种形式的不朽的方式。很多家族企业王朝——特别是那些坚持由家族内部人员经营管理的——的本质使命就是追求不朽。

对某些人来说，工作是种麻醉剂。他们无法放松。他们总是为绩效担心、不断地往身上揽责任、不停地工作，以驱散死亡恐惧。对他们而言，没有持续工作压力的生活是不可想象的。这些人只有通过工作——达到具体的目标——才能赶走沮丧的想法（本质是死亡焦虑），增强脆弱的自尊感。他们的座右铭是："我工作，故我存在。"工作是他们肯定自我、获得高尚感的方式。这些人需要用工作筑起一道墙，将孤独、分离的幽灵以及死亡焦虑挡在墙外。不幸的是，他们驱散这些恐惧的病态行为可能会适得其反。他们越焦虑，就越疯狂地工作，可是这样做并不能缓解焦虑，只是让他们更加疯狂地工作，最后成为工作的奴隶。问题是，他们能将快节奏保持多久呢？他们能将死亡焦虑阻挡在墙外多久呢？

我见过一个执行官（下面我称他为阿尔芒），他就是这个样子。阿尔芒是一家建筑公司的CEO兼所有人。我同他谈过几次话，发现他因为担心变老而表现出越来越多的病态行为。他"工作很努力但是效率不高"，只是为了工作而做越来越多的工作。星期天是他最难熬的日子，因为星期天不用工作。他不敢面对的是一个非常重大的问题：身后事，选谁做他的接班人。尽管我尝试着与阿尔芒谈论这一话题，但是很明显，他不愿思考也不愿谈论这个话题，仅仅是触及这个话题都会让他深深地焦虑。从他的反应可以看出，他觉得这会极大地威胁他的不朽感。

据我所知，阿尔芒最近做过一次冠状动脉架桥手术，这让本来就有点像工作狂的他更加像工作狂了。他很兴奋，不断冒出新想法而且积极地付诸行动，尽管他的有些想法很有诱惑性，但是公司的其他执行官开始担心了。他最近开始实施多元化经营策略，其他执行官认为这一做法太欠考虑了。特别是他最近投资了一家电影公司，在其他执行官看来，这项投资太冒险了。

阿尔芒不仅投资了这家电影公司，而且让它给自己的建筑公司制作一部昂贵的纪录片，美其名曰帮助建筑公司进行品牌宣传。结果纪录片的主题变成了阿尔芒的个人奋斗史。他似乎想为子孙后代留下一个纪念。这一举动就像某种反讣告——抵抗浮现在心头的死亡焦虑的一种主要方式（后来他在谈话中证实了这一点）。然而，与纪录片剧组人员一起工作之后，他更加希望尝试电影业了，这让其他执行官愈发担心了。拿一小笔钱投资电影公司是一回事，但是把公司的主营业务转变成电影制作则是另外一回事。这个领域他们一点都不擅长。接下来会发生什么？还有更多的电影投资计划吗？其他执行官不仅担心阿尔芒疯狂的工作节奏会再次引发冠心病，而且开始怀疑他的判断力了。他们很担心公司未来的生存能力，还有悬而未决的接班人问题。

我见过很多执行官把工作当作驱散死亡恐惧的手段，阿尔芒不过是其中的一个例子罢了。除了进行疯狂的，甚至是毫无意义的商业活动外（这些商业活动中，手段和目标也许都丧失了意义），还有可能走入另外一个极端——创造。创造并不是艺术家、作家或者科学家的专利。任何打破常规、违背传统的活动，或者——也许是更重要的——任何在创造者看来是有价值的活动，都是创造。进行创造时，人们希望并相信所创造的东西将具有持久的价值和意义，让自己不朽，让死亡和衰败相形见绌。计划留给后人的创造品，是另外一个也许能够提供历史延续性的不朽体系。但是，我们多少人真的具有创造力，或者说有机会具有创造力呢？这一问题没有答案。也许伍迪·艾伦说得对，他说："我不想因工作而不朽。我想通过不死来达到这个目的。"

因自然而不朽

《创世纪》这本书说："你本是尘土，仍要归于尘土。"所有的生命都来自大地，也将归于大地。我们的祖先从未忘却这一事实。很多原始文化里，存在的循环、生与死、肉体与灵魂、阳间与阴间，都与季节的更替交织在一起。其中很多文化都很尊重肥沃的大地，往往将其想象成大地女神或者伟大的母亲。大地母亲可以哺育庄稼，也能产生可怕的力量——地震、洪水、火山爆发。所以，大地母亲需要加以安抚。因此，某个季节第一次收获的东西都要供奉给她，还有其他丰盛的礼物，比如牛奶、美酒，甚至鲜血，被直接泼向大地，以示谢意。很多文化还保留着这些传统，甚至包括某些发达国家。另外，大地就像死者的家。全世界的农耕民族都像掩埋种子一样将死者埋入大地，希望死者能够以各种方式重生——在某个女人的子宫里生根发芽，或者投胎成某种动物。

但丁说："自然是上帝所做的艺术品。"伦勃朗说："非要我选择一位主人的话，我只会选择自然。"希腊有句谚语说："当老人们知道自己永远不可能坐到树荫下，但还是会种树的时候，一个社会才会变得伟大。"这些说法表明，自然可以被看作另外一个不朽体系，而且，大地不是我们从祖先那里继承的，而是从子孙那里借来的。

我非常喜欢这种与自然融为一体的感觉——人类只是天地万物的一分子，人与自然是息息相通的一体。我趟过很多河流，穿过很多森林，越过很多草原，翻过很多高山。每次爬到山顶，俯视下面的风景——天空、白雪、河流，其他山脉——这些景象都让我有一种归属于大自然的感觉。

很多人也有类似的想法。比如，法国文艺复兴学者米歇尔·德·蒙田曾经说过："如果你不知道怎么死去，别担心，大自然到时候会告诉你怎么做，而且是非常详细地、没有一点遗漏地。她会把一切给你做好，完全不用你操心。"阿尔伯特·爱因斯坦说过："我在大自然中看到的是一座宏伟的建筑，这座宏伟的建筑只能让人了解一个大概，但是能让一个善于思考的人满怀谦虚感。这种宗教情怀很奇妙，但是和神秘主义没有一点关系。"

对我们某些人来说，自然充满意义；对另外一些人来说，自然什么也不是。但是，从象征意义上讲，我们对自然的看法与我们对不朽的看法有着密切的关系。不管一个人的内心世界是什么样子的，自然都同时包含恐怖的景象和迷人的景象。自然有令人敬畏的一面——暴风雨、洪水、雷电。但是在敬畏之外，人们还能体验到从自然规律——比如昼夜更替、季节变换、万物生长、树叶凋零——中滋生出的温暖感和延续感。对很多人而言，被山川、河流、森林、溪水、海洋环绕，是生与死之间的一种交流形式。死后回归自然，被看作自己和他人生命永久循环的一个阶段、重生的方式。每当夜晚降临、黑暗笼罩着我们时，我们可能会联想到死亡；但是每当清晨出现第一缕阳光时，一切好像又复活了。所有的衰败，都掩藏着新生。

有这种自然观的人不会把死亡看作终点，而是中转站。他们甚至会体验到"宇宙感"，或者说"海洋般的感觉"，即与大自然融为一体的感觉。飞行家查尔斯·林德伯格说过："在旷野上，我感受到生命的奇迹，觉得所有的科技进步都黯然失色了。"全球变暖、大自然遭到破坏会带来严重后果，就是因为如此。

但是，这些各种各样的不朽体系仍能达到其目的吗？在后工业社会里，这些肯定自我的方法仍然有效吗？这些问题并不容易回答。显然，很多人还是会诉诸它们，他们需要它们帮助克服其存在焦虑，没有它们将会引发灾难。然而，另外一些人的观点则更现实，他们知道自己人生的结局。对他们而言，人生不过是短暂的旅行。我在本书前面说过的一句话非常适用于他们，这句话就是"旅途就是全部，终点什么也不是"。他们铭记着罗马某个墓碑上的一段话：

朋友，当你路过我的墓志铭，就歇歇脚吧。

听一听，看一看，然后再走开。

没有鬼门关，没有黄泉路；

没有彼岸花，没有忘川河；

没有奈何桥，没有孟婆汤；

也没有什么三生石。

我们这些死去的人，

都会化为灰、归于尘。

我已经把一切都如实地告诉你了，继续赶路吧，朋友。

以免显得我这个死人还那么爱唠叨。

和所有人一样，我们终究会死，如果我们最终能够面对这一事实，我们就会认识到生命的脆弱性，珍视每时每刻。但愿，我们认识到世事无常后，会深深同情人类。

但是，这种实用主义并非意味着我们应该藐视死亡。我们需要尊重悼念仪式。不管我们活在什么社会，我们都需要专门的仪式帮助活着的人为死去的人送行。仪式是非常重要的，它们可以让人平静、放心。

第26章 后工业时代的死亡

我经常说，一位伟大的医生所杀的人比一位伟大的将军还要多。

戈特弗里德·莱布尼茨，德国哲学家

如果不能继续体面地活着，那么就体面地死去。按照自己的意愿，在恰当的时间、在亲朋好友的陪伴下，头脑清醒、带着欢笑死去，这样就可以趁自己还活着时举行告别仪式了。

弗里德里希·尼采

我们所有人难逃一死，所以我们的目标不是永远活着，而是创造某种能够永存的东西。

恰克·帕拉尼克，美国作家

但是，在后工业时代，这些仪式还在发挥作用吗？还是已经消逝得所剩无几了？

在这个自恋主义的时代，享乐主义盛行，我们都在为自己个人的幸福操心。安眠药、抗抑郁药以及兴奋剂成为很多人的拐杖。我们如此依赖这些药品，说明我们所生活的社会是什么样子的？为什么人们要用药物麻醉自己？

空虚、失眠、孤独成为现代生活最大的痛苦。在前工业社会极为普遍的社区感（sense of community）基本上不见了；很多曾经将社会里各个成员联系在一起的有意义的仪式，基本上都消失了。在这个自恋主义的时代，自私自利的物质主义和貌似能够拯救人类的科技，发展成为塑造我们日常生活的主要力量。

在这种环境下，苦难、濒死以及死亡的概念，被推到文化体验的边缘。但是，在这个过程中，我们亵渎了对我们而言最神圣的东西。出于拒斥死亡的心理，人们会将任何与濒死和死亡有关的念头阻挡在日常存在之外，这种权宜之计在当今文化中受到空前的重视。但是，阻挡在意识之外的东西会通过梦（包括白日梦）和幻想出现在潜意识里。创造一种拒斥死亡的文化并不能让我们的内心平静，而用药物麻醉自己只会带来短暂的喘息。

人们运用各种手段，尤其是医学技术，来压抑死亡焦虑，并将死亡体验去人格化。对很多人而言，死亡本身已经够恐怖了，但是现代社会的死亡方式让死亡变得愈发恐怖了。濒死变得极其没有尊严，去人格化、去人性化。瑞士剧作家兼小说家马克斯·弗里斯赫（Max Frisch）说过："科技使宇宙井然有序，人类无需亲历便可一目了然。"医学技术碾压了我们。对我们很多人而言，最恐怖的不是死亡本身，而是死亡的方式。美国建筑大师巴克明斯特·富勒曾经说过："人类正在因为错误的理由发展正确的科技。"

　　科技正在用冷冰冰的死亡替代有意义的仪式。将死之人被亵渎、被污辱、被降为二等公民。人们不会倾听他们的声音，也不会认真对待他们，而是像处理物品一样处理他们。雪上加霜的是，有的人认为将死之人会污染其他人，于是我们将有关他们的体验抹杀掉，这样他们就无法让我们面对不愿面对的现实了。科技进步通过营造一种抽离、漠然、去人格化的文化，帮助我们达到这一目的。

　　临终之地从家转到医院，也有助于将死亡排除在日常存在之外。社会变革者佛罗伦萨·南丁格尔就对这种现象以及这种现象对濒死的影响表示担忧，她说："医院的宗旨是不给病人造成伤害，这一原则也许看起来很奇怪。"在前工业社会，临终关怀一般在家里进行，不是遮遮掩掩的，而是生命周期的一部分，就像我的外婆去世的时候一样。但是，在后工业社会里，临终关怀的任务交给了专业的医护人员，濒死过程限制在医院或者其他长期看护机构，亲朋好友很少有机会陪伴将死之人走过最后一程。电影大亨塞缪尔·高德温说过："医院不是去生病的地方。"他说得对。对我们很多人而言，在医院辞世是非常没有吸引力的选择。

　　将临终事宜委托给有着"专业"资源和精密医学仪器的医护人员，现在是一种时尚，也是一种必要。人们认为，医院能够更好地照看临终之人。但是，在这个理性的原因之外，还有另外的原因：死亡被隐藏起来，被局限在某个专门的机构，人们就不用面对濒死过程令人悲伤不安的一面了。这样看来，将临终事宜委托给医院又是一个非常有吸引力的选择，能够有效地缓解死亡焦虑和濒死焦虑，是悉达多故事的再现。

处理死亡

在医院里，濒死被重新定义为一个技术过程，需要用专业手段加以公式化地处理。濒死的恐怖和剧痛被逐出了公众的视线。濒死过程尽管远离了公众的视线，但是专业看护人员还是看得到的。医护人员处理临终病人时，自身的死亡焦虑也被激活。他们必须用某种方式处理这些恐惧。

精神分析学家伊莎贝尔·孟席斯（Isabel Menzies）在研究照看重症及临终病人的护士时发现，她们的工作被设计成最大可能地遏制或者缓解死亡焦虑的样子。医疗机构内部普遍有种看法——如果护士和病人之间的关系太过亲密的话，那么病人死亡时护士就会痛苦过度。结果，护士就被要求同时看护大量病人，但只负责少数几个专门的任务，而不是专门看护一个病人。这一做法能够营造距离，形成抽离以及去人格化的氛围。根据孟席斯的观察，目前护士的死亡恐惧问题还没引起足够的重视，还没有专门的心理辅导措施帮助她们应对死亡焦虑。孟席斯的研究揭示了医疗机构是如何强化拒斥死亡这一不良行为模式的。这一令人不安的现象仍然普遍存在。医院最难令人满意的一点就是，其中的工作人员认为，如果你老了、病了，你也就没有思想了。

让问题恶化的是，很多医护人员习惯于将病人的死亡看作自己的失败。认为病人的死亡是他们无能的象征，他们的使命就是延长生命，他们所受的教育中不包含如何处理病人的临终事宜这一课。

所以不足为怪的是，不仅护士，而且很多医生都十分不擅长与病人谈话，特别是谈论死亡。因为觉得不自在，所以这些生命最后的卫士筑起了一道抽离、拒斥，以及去人格化的防线。这里，我要说说一本见解深刻、感人肺腑的书，书名叫《期末考试》（Final Exam），作者是波利娜·陈（Pauline Chen），一位医生，专门做肝脏移植手术。她在书中写道："在15年的学医及从医生涯中，我一次又一次地面对死亡。很多老师、同事告诫我说，不要对将死的病人产生任何情感，似乎这样能让我成为一个更好的医生。"她描述了这样一幕：病人临终之前，医生拉上病床周围的帘子，然后迅速消失，让家属单独留下陪伴病人。

这些医生所受的训练也许能让他们获得高明的医术，却不能帮助他们表达同情，也不能帮助他们面对自身的死亡恐惧。病人的死亡对医护人员而言是双重打击：不仅让他们体会到生命的脆弱性，也让他们觉得没能救活病人是自己的失败。难怪这个职业会尽力回避任何与死亡有关的。讽刺的是，临终之人在临终过程中会经历很多事情，但是他／她自己却基本上无法说出发生了什么。现代医学条件下，死亡无处不在又让人感受不到。

医护人员以及病人家属拒斥死亡，也许会妨碍我们理解某些年纪非常大的人，这些人没有康复希望，只想自然地死去。但是，医护人员在悲伤的家属的鼓励下，往往会使用过于复杂的方式延长病人的生命，不管病人自己的意愿如何，医护人员只是为了缓解自身的焦虑。他们在否认自己所做的事情，也在否认病人的体验。从事助人职业的人士可能会用这种方式应对自身的恐惧。但是，这些做法玷污了濒死过程。没有什么比毫无尊严地死去更让人难受的了。

现代社会里，在文化和医学力量的共同作用下，人们对苦难、濒死和死亡保持缄默。很多曾经帮助将死之人度过濒死过程，并为之提供安慰的习俗和仪式，大都消失了或者贬值了。死亡被科技和医学手段挡在大众的意识之外。死亡和濒死现在处于人类存在的边缘。

想到这一点，我意识到生命中很多重要的事情都没人教我们怎么去做。学校里，没有哪门课程探讨死亡。现在，我的生命到达了一个不同阶段，当我回顾往事，我发现这些不被传授的事情也许是最值得学习的。但是，和很多人一样，没人教我怎样做这些事情，我完全是自己摸索的。我也奇怪，为什么我们要有学校？学校不教我们如何去爱，不教我们如何处理金钱，不教我们如何做人，不教我们如何离婚，不教我们如何悲伤，最糟的是，不教我们如何死去。

也许我的这一看法太过片面，因为没有哪种形式的教育能让我们对濒死获得足够的了解。有些事是教不了的，只能去体会。美国诗人兼歌手吉姆·莫里森曾经说过："我不介意死于空难。这种死法不错。我不想在睡梦中死去，也不想老死，也不想安乐死……我想体验死亡，我想尝一尝它，听一听它，嗅一嗅它。人一生只能死一回，我不想错过。"也许重要的是——当我们站在鬼门关时——没有遗憾。我们应该做自己想做的事情，现在就做。老人很少对他们做过的事表示后悔，而会后悔自己没做过某件事。也许唯一惧怕死亡的人，是那些心存遗憾的人。

　　有一个禅理故事，说的是一个和尚问他的师父：“什么是路？”师父回答说：“睁着眼睛掉进井里。”我们的挑战就是，睁着眼睛面对死亡。

第 27 章　走进那个良夜

好好活着的艺术也是好好死去的艺术。

伊壁鸠鲁

只有懦夫侮辱死神。

伊索

死没有什么可炫耀的，任何人都会死。

约翰尼·罗顿，"性手枪"乐队主唱

死是非常沉闷、非常枯燥的事情。我奉劝大家，千万不要沾染任何与之有关的东西。

威廉·萨默塞特·毛姆，英国作家

我最近（算是比较晚了）看了电影《索菲·绍尔》（Sophie Scholl），这部电影根据纳粹德国一位 21 岁的大学生的真实事迹改编而来。这位大学生敢于公开反对纳粹统治，敢于说纳粹所做的事情是错的，并和他人一起发起了"白玫瑰抵抗运动"。1943 年 2 月 22 日，索菲·绍尔被纳粹处以死刑。电影描述了她临终前的日子。尽管索菲和她的哥哥汉斯（Hans）起初都相信希特勒能够带领德国走向伟大——甚至参加过希特勒青年团——但是，他们后来越来越失望。他们的父亲，福希滕贝格市（Forchtenberg）的市长，认为希特勒正在带领德国走向毁灭。父亲的这一思想深刻影响了他们。

索菲的整个童年阶段，她的父母都一再向她强调要听从自己的内心，要做正确的事情。不管她想做什么——包括选择上哪所学校、学习什么专业等等——都能得到父母的鼓励。做了一段时间的幼儿园老师后，她于 1942 年 5 月进入慕尼黑大学，学习生物和哲学。在此期间，她对希特勒的统治越来越不抱幻想。

尽管白玫瑰小组的成员知道公开表示异议是不可能的，但是他们认为公民有责任反对纳粹统治。他们散发了一系列传单，宣传说纳粹体系已经慢慢囚禁了德国人民，并正在毁灭德国人民。纳粹统治让德国变成了地狱，希特勒就像传说中吃自己孩子的克洛诺斯①。"是时候了，"一篇文章说，"德国人应该站起来反抗自己政府的暴政了。"

这些传单在学生中间引起了极大的反响。纳粹统治还是第一次遭到来自德国内部的反对。然而，绍尔兄妹和他们的朋友必须极其小心，因为他们知道如果被盖世太保抓住将会发生什么。除

---

① Cronos，希腊神话中第一代泰坦十二神的领袖。他曾受母亲的怂恿，用镰刀阉割并推翻了父亲。后母亲预言他也将被自己的孩子推翻，于是子女一出生，就被他吞进肚里，只有宙斯幸免。——编者注

了暗中散发传单外，白玫瑰小组的成员还公开从事一些活动，比如在很多地方写"和希特勒一起堕落"、"希特勒是最大的凶手"、"自由"之类的标语。盖世太保狂怒不已，发誓要找出肇事者。

1943 年 2 月 18 日，索菲、汉斯以及克里斯托夫·普罗伯斯特（Christoph Probst）在发传单的时候，被盖世太保逮了个正着，他们被捕了。被捕后，对索菲来说，考验才真正开始。审问她的长官知道无法说服她，无法让她承认自己错了，哪怕威胁说要杀死她也没有用。他知道，索菲大义凛然、视死如归。他试图让索菲在悔过书上签字，这样就可以减轻对她的指控。可是，她拒绝了。

被捕四天后，三个人被送上法庭。审判他们的人是专程从柏林赶来的德意志帝国人民法院的首席法官。审判过程很滑稽，被告几乎不可能为自己辩护，法官和陪审团的角色由一人承担，而辩护律师也没有为被告进行辩护。

法官冲索菲大嚷，说他不理解她为什么要蛊惑学生。记录显示，索菲回答说："总得有人起个头。我们所写的、所说的东西，其他人也相信。他们只是不敢像我们一样表达而已。"她继续说："你知道，战争失败了。为什么你没有勇气面对呢？"她勇敢地表达自己的观点，拒绝屈服于纳粹当局的淫威，给人留下了深刻的印象。汉斯和索菲的父母想进入法庭，但是被拦住了。他们的父亲高呼："总有一天，另外一种法官会出现。总有一天，他们会被载入史册。"

不出所料，他们三个人都被判了死刑。面对这种可怕的结果，汉斯与索菲只是轻蔑地一笑，赢得了无数人的敬佩。在盖世太保和判她死刑的纳粹"袋鼠法庭"①面前，索菲仍然直率、坚定、满怀希望。看得出，审判过程甚至让法庭里的听众都极其不自在，他们不知道要让眼睛看向哪里。内心深处，他们十分钦佩索菲的勇气。

在监狱里，汉斯和索菲被允许与他们的父母见最后一面。他们的父母尽管为他们即将面临的命运感到十分悲痛，但是也为他们感到自豪，为他们的勇气和坚定而自豪。他们代表了被压迫者，他们没有听信政府的一面之词，而是坚持追求真理。会面结束时，母亲提醒她想一想耶稣。她非常镇定地对父母报以一笑。但一进牢房，她立刻崩溃了。在父母面前，她是强装镇定，因为不想让伤心的父母更加伤心。逮捕她的盖世太保看见她在哭泣，她为此道歉了。审讯期间，她没有掉过一滴眼泪。

狱警允许汉斯、索菲和克里斯托夫最后短暂地聚一次。不久，索菲被两个戴着高高的帽子（送葬的人通常是这种装扮）的男人押上断头台。一位观刑的人说，索菲走向断头台时，"没有一点惧色，没有丝毫退缩"。

当她被按在斩刀之下时，她说的最后一句话是"Die Sonne scheint noch"，意思是"阳光依然灿烂"。接着是克里斯托夫·普罗伯斯特。最后是汉斯·绍尔，他被斩首前，喊出了"自由万岁！"后来，白玫瑰小组还有很多其他成员被斩首或者送往集中营。索菲死后，第六批传单出现，由在德国的上百万盟军散发。传单有个新标题："慕尼黑学生宣言"。

是什么让索菲如此勇敢？在整个审讯过程中，她怎么能一直

---

① kangaroo-court，私设的公堂或非正规的法庭，多用于惩罚同伙者。——译者注

保持冷静？显然，是索菲·绍尔对基督教的信仰让她有了强烈的正义感，并帮她超越死亡。当然，她的世界观并不是凭空出现的，她的很多价值观都是她的父母灌输的。她的父亲的立场与希特勒相反，这一点很重要。

今天，每个德国人都知道白玫瑰运动的故事。慕尼黑大学有个广场以汉斯和索菲的名字命名。全德国有很多街道、广场，以及一百多所学校以白玫瑰小组成员的名字命名。慕尼黑大学附近有个专门纪念他们事迹的广场，今天仍然有很多人在广场上留下白玫瑰。2005 年，德国电视二台进行了一次电视观众调查，结果显示，在"有史以来最伟大的德国人"中，汉斯和索菲排在第四位。索菲·绍尔的妹妹英格（Inge）写道："也许真正的英雄主义，就是决定坚决地捍卫日常的、世俗的、现实的东西。"

这个感人的故事提出了几个问题：在被按在断头台上的斩刀之下时，索菲的心里在想什么？她怎么能如此勇敢地面对死亡？她临终前所说的"阳光依然灿烂"是什么意思？另外，判她死刑的人——盖世太保的长官与首席法官，他们觉得自己是正义的，还是有其他想法？他们临终前会想些什么呢？索菲的最后一刻给我们所有人都提出了严肃的问题。如果处在那种情况下，我们会怎么做？

临终遗言

历史上有很多著名的临终遗言，其中有真实的，也有杜撰的。据说，伏尔泰临终之前，一位神父请他与撒旦断绝关系，他回答说："我的好人，现在不是树敌的时候。"法国国王路易十四临终前对仆人说道："你们为什么哭泣呢？你们不是想象过我是不死的吗？"诗人亨利希·海涅说："上帝会原谅我的，这是他的职业。"歌德的遗言则是："更多光明！""我和我的墙纸即将展开生死决斗，我们中的一个必须得走。"这是奥斯卡·王尔德的临终遗言，也许是杜撰的。法国大革命早期领导人之一乔治·丹东吩咐给他行刑的人说："把我的脑袋展示给人们看看，它值得一看。"英国政治家塞西尔·罗兹死前哀叹道："完成的事情太少，要做的事情还有很多。"而温斯顿·丘吉尔则说："我烦透它了。""别着急，还没加载！"则是摇滚音乐家特里·卡斯（Terry Kath）的临终遗言，他当时还在玩俄罗斯轮盘。伊士曼·柯达公司的创始人乔治·伊士曼在自杀之前说："我的使命已经完成，那还等什么呢？"

当然，还有很多很多例子。在坟墓外边读着人们的临终遗言，我不禁要问，这些遗言多大程度上是灵魂的窗户？从中，我们可以看出留言者是什么样的人吗？看到这些遗言，我们对自己的死亡有了怎样的认识？很多很多，我想。

对我们而言，临终遗言充满魅力，因为它回应了我们的完结需求、不朽欲望，以及对死亡场景的好奇心。临终遗言一代代地往下传，赋予留言者某种不朽之名，让留言者活在后人心中。遗言的内容要么概括了留言者的一生，要么传达出讽刺感，甚至可以看作留言者在观众面前最后的表演。

"阳光依然灿烂"，索菲·绍尔在即将步入另外一个世界时所喊出的话，对她来说这意味着什么？说明她仍然相信人类的美德，尽管她看到过那么多丑陋的东西？意味着永恒的希望？意味着她相信人们不会忘记白玫瑰运动，相信他们所做的一切可以作为后代的榜样？我们永远不会知道答案。这个年轻女孩所说的话很简单，但是让观刑的人记住了。这句话成为德国集体潜意识的一部分，创造了某种形式的不朽。

索菲·绍尔的感人故事告诉我们，在抽象层面处理死亡是一回事，直接面对死亡完全是另外一回事。面对被判死刑的人或者身患绝症的人，并不是容易的事情，因为我们会感染他们的痛苦，我们会想象自己的临终时刻。然而，我们之所以一直病态地迷恋死亡场景，似乎是因为我们无法接受自身的死亡，而观看别人的死亡会让我们紧张。

大多数人——即使那些因为职业原因，习惯于近距离观看死亡的人——如此拒斥死亡，以致当死神敲门时，他们会震惊。因为不知所措、困惑不已，所以他们错过了体验平静和义无反顾的绝佳机会，濒死过程就是让人体验平静和义无反顾的。他们不是抓住机会去感悟，而是用科技手段来逃避。

转变的步骤

我们所有人面临的挑战就是：超越拒斥，把死亡看作自然过程的一部分。一个人的死亡不该仅仅被看作大自然生物节律的一个正常阶段——用英国哲学家乔纳森·米勒的话说，就是"与大自然之间一个必赴的约会"——也该被看作广大物质世界的一部分。死亡，和出生一样，应该被看作生命的基本元素，一次转变或者另外一种形式的分离。和任何形式的分离一样，它遵照几种模式。

　　说到分离，我们要再次讨论约翰·鲍尔比的研究。在依恋理论中，鲍尔比将分离划分成三个阶段：抗议期（protest）、绝望期（despair）、抽离期（detachment）。在第一阶段——抗议期，母亲离开时，孩子显得非常伤心，试图用尽一切办法阻止母亲离去。抗议期过后是绝望期，孩子似乎对团圆不再抱有什么希望，尽管对母亲的挂念仍然十分明显。他变得快快的，不吃不喝也不玩。孩子这时处于深深悼念的状态。最后阶段——抽离期，孩子似乎从丧失的悲痛中走出来，变得活泼，愿意与人玩，甚至会笑了。当孩子对周围的环境表现出越来越大的兴趣，就说明他开始恢复了。但是这种理解太过简单了。孩子的恢复只是表面上的，实际上，他采取的是"我不在乎"的态度，会说话的孩子甚至会说"我不要妈妈了"。实际上，抽离反应就是封闭感情，是孩子处理丧失的一种方式：惩罚抛弃他们的人。抽离是一种伪装的愤怒，遭到遗弃后，强烈的、极端的愤怒是常见的反应。有句老话说"久别情更深"，实际情况恰好相反，分离让心变得更硬。这个时候，孩子不再寻找母亲，甚至当母亲回来时，他也视而不见。

　　鲍尔比的理论尽管描述的是母亲与婴幼儿之间的情景，但是也适用于生命中任何形式的丧失和转变，包括进入生命的最后阶段。如果说鲍尔比的理论是通用型的，那么心理学家伊丽莎白·库伯勒罗斯的理论则是专门针对生命的最后阶段的。库伯勒罗斯将对濒死的讨论带入主流文化，在这个方面，她做得比谁都多。她是临终之人需求的代言人，也是倡导"带着尊严死去"的先驱。

　　和其他许多健康看护专业人员不一样，库伯勒罗斯认为陪伴临终病人是非常重要的事情。临终病人所接受的"标准处理"让她心寒。她觉得他们的需要被忽视了，觉得他们被虐待了，没有人真诚地对待他们。她批评说，现代性死亡中越来越多的科技成分带来了严重的后果：孤独、机械化、去人性化，以及去人格化。她描述了濒死的恐怖情形，也描述了濒死之人在接受医学治疗的同时是怎样失去人们的同情和怜悯的。濒死之人渴望平静和尊严，希望自己的痛楚得到别人的认可，但是，他们受到的对待都是侵犯性的，比如输液、输血、电击起搏等等。

　　库伯勒罗斯还引入了悲伤的阶段模型，认为人在意识到自己即将走向死亡时，会经历五个心理阶段：否认和孤立期（denial and isolation）、愤怒期（anger）、讨价还价期（bargaining）、沮丧期（depression）和接受期（acceptance）。这个阶段模型也适用于丧亲之后的悲伤。

　　第一阶段，否认和孤立，这是将死之人接到坏消息后暂时的震惊反应。当其他人（包括家人）因为感到不自在而开始回避将死之人时，将死之人就会觉得孤单。接下来进入愤怒期，而愤怒可能以各种各样的形式表达出来。将死之人也许会问："为什么是我？"觉得该死的是别人而不是自己。也许还会出现嫉妒和不公感：别人似乎并不在意，他们照样活得很好。之后进入讨价还价期，这个阶段持续时间很短，外人很难看出来。因为这个阶段，将死之人是在和上帝或者命运讨价还价。接下来进入沮丧期，哀悼即将失去的一切。最后是接受期，将死之人要花些时间才能接受现实，知道死亡是无法避免的，然后放弃无谓的挣扎。

有些人批评说，运用这种阶段理论存在风险，担心这是一种人为的划分，实际情况可能并非如此。如果某人没有系统地经历所有的五个阶段，我们可能会认为他 / 她不符合标准。更恰当的做法，是将这五个阶段看作帮助我们走出噩耗打击、应对灾难所采取的步骤。

库伯勒罗斯还认为，濒死不一定是恐怖的、悲哀的，濒死也可以让人变得勇敢，让人成长和进步，就像伊凡·伊里奇的故事的结尾部分所暗示的那样。从那一方面来说，她的看法很有启迪意义。在一个人们越来越担心科技手段的运用会让死亡变得没有尊严的社会里，库伯勒罗斯"带着尊严死去"的思想是很受欢迎的。她的思想不仅受到普通大众的欢迎，而且给医学界带来了深刻的影响，很多医护人员都将之铭记在心。

临终关怀体系

库伯勒罗斯的贡献还在于，她发起了一场打破我们文化中长期存在的有关苦难、濒死和死亡的禁忌的运动。她的理论提供了另外一种处理死亡的方式，将濒死看作获得成长和尊严的机会。

库伯勒罗斯还是推广临终关怀（hospice care）的主要人士之一。所谓临终关怀，就是对临终者及其家人给予人道主义关怀，关怀的内容包括生理、心理及社会各个方面。临终关怀的理论基础是关怀哲学，将死亡看作生命的最后阶段，向临终者提供姑息治疗①，让他们生命的最后时光充满尊严和意义，有机会和亲人待在一起。临终关怀是住院治疗的替代品，临终者尽可能在家里接受照料。临终关怀不追求猛烈的、可能给病人增添痛苦的、无意义的治疗，但要求医务人员以熟练的业务和良好的服务来控制病人的症状。当病人无法继续在家接受照料时，临终关怀医院本身也能提供喘息疗护（respite care）服务。临终关怀医院的工作人员也能为个人和家属提供咨询服务。

在这种哲学思想的指导下，越来越多的健康看护专业人员不遗余力地减轻绝症病人的焦虑，所使用的方法多种多样，比如，提供准确的信息让病人放心，使用放松技术，使用抗焦虑药物或者抗抑郁药物等等。当然，我们需要考虑，关注尊严、迎接死亡的临终关怀哲学真的能让人们的态度发生巨大的转变吗？还是另外一种拒斥死亡的方式，只是经过了改头换面而已？

生命的最后阶段和最初阶段有很多共同点——可以理所当然地享受别人的照顾，什么也不用操心，所有的要求都会得到满足。也许在生命的最后日子，当我们工作过、付出过、享受过、痛苦过，我们就回到起点，大部分时间都用来昏睡，进入婴儿状态。

在生命的最后两年，我的母亲对外部世界的兴趣开始减退，渐渐退回到内在世界。她感到身体已经衰竭，自己的日子到头了。但是，她自己说，她的意识绝对还在。她就像婴儿一样，待在内在世界里的时间越来越长。她做梦的时间越来越多，清醒的时间越来越少。每次醒来，她都会非常详细地向我描述她生动的梦境。

---

① 对所患疾病已经治疗无效的患者积极的、全面的医疗照顾。在姑息治疗中，对疼痛，其他症状以及心理的、社会的和精神的问题的控制是首要的。——编者注

梦里满是在她过去的生命里占有重要地位的人或事：她的父母、早年的朋友，以及对战争的回忆。在我看来，她做梦的时间越来越多，说明她离死亡越来越近。临终之际，她大部分时间处于半梦半醒之间，所以她的每次清醒都能给我带来惊喜。这种状态一直持续到最后时刻的到来。

进入接受期，生命就很圆满了。这个阶段，人往往就认命了。但是，即使最认命、最现实的病人也会期待奇迹，希望某种新型的药物能让自己恢复健康。拒斥死亡是一种极其强大的生命力。最后，引用塞缪尔·约翰逊的一句话："人类意识的自然航程不是从一种快乐到另一种快乐，而是从一种希望到另一种希望。"

第 28 章　灯光渐逝

生与死之间的模糊区域是梦。

T.S. 艾略特

一个人的死更多的是活着的人的事情，而不是他自己的。

托马斯·曼，德国作家

活在人们心中的人可得永生。

托马斯·坎贝尔，纽约大都会艺术博物馆馆长

生命对我来说并不是一支短短的蜡烛，而是我此刻紧握的一把光灿夺目的火炬，在我传承到下一代手中之前，我愿让它熊熊燃烧。

乔治·萧伯纳

讲一则关于荠菜籽的佛经寓言。有个女人的儿子死了，她悲

恸欲绝。她不明白"死"就意味着结束了，仍然希望能找到一种方法治好儿子的"病"。她去找佛陀，佛陀让她向城里没有死过亲人的人家要些荠菜籽，这些荠菜籽可以治好她儿子的"病"。她找遍了全城，精疲力竭，但是没有找到一户符合条件的人家。她终于认识到，死亡是每个人都逃脱不了的命运。认识到这一点，她平静下来，将儿子的尸体送去火化了。

正如这则寓言反复强调的那样，我们所有人都难免一死。人们有各种各样的逃避方式，嗑药、酗酒、藐视死亡地冒险，为的是忘记自己会死。或者，皈依某个宗教，坚持某种意识形态，捐资建立一所学校（或其他机构）并以自己的名字命名，创建一番事业或一所房子让子孙继承，创造一件能够流传百世的作品……但是，所有这些确保自己不朽的努力都是徒劳的。死神不会忘了我们，也不会让我们忽略现实太久。

死亡是生命的一部分，神秘但必不可少，我们必须接受这一点。拒斥并不是好办法。死亡和濒死是无法被阻挡在意识之外的，是生命的关键事实，我们无法逃避，只能面对。我们需要改变自己对死亡和濒死的态度，从拒斥转为接受，但是不丧失生命活力和生存意志。

你呢

因为我们是人，所以我们都知道自己活着，也多少知道自己是独立的实体和存在。我们也知道，总有一天我们会失去生命，不再活着。但是，在这些有意识的想法之外，我们并非真的清楚死亡意味着什么。死亡是最大的谜。

活着也意味着整合死亡。但是，正如我说过的那样，处理自身死亡的现实仍然会让我们十分不自在，因此我们避而不谈。但是，我们必须有勇气面对自己对死亡的恐惧。我们必须学会如何为死亡做准备，并且在知道自己会死的情况下仍然勇敢地活着。

一个可能令你不安的小作业

下面这个作业能帮我们认清自己是如何处理这一令人不安的事实的，也能帮我们更好地了解自己。

你经常想到死亡，还是很少想到死亡？是否存在某种特别的情况——当你处于这种情况下，你就会想到死亡？你害怕死亡吗？你知道是为什么吗？在你的想象之中，死亡是什么样子的？你和别人讨论过这些问题吗？

你曾经失去过亲人或者很好的朋友吗？如果失去过，那么你是如何度过那段时光的？一想到再也看不到那个人将是多么的痛苦时，你的脑子里有什么念头？你做了哪些准备，以面对即将到来的丧失？你做了哪些事情，以帮助那个人安然地离开世界？在那个人临终之前，你对他说了些什么吗？你觉得那段时光很难熬吗？

花些时间思考这个问题：如果你只剩五年可活，你会做些什么？并将答案写在纸上。做完之后，将"五年"换成"一年"、"半年"、"一个月"，然后是"一天"，重复以上练习，越准确越好。这个作业可以帮你确认你生命中最重要的东西，也能帮你认清你希望自己在死前完成哪些事情，还能帮你在生命中找到平静和圆满。

死之前，你要跟哪些人告别？趁着还有时间，你想修补一下哪些关系？例如，想象一下，你马上就要死了，只能和一个人说话，你会跟哪个人说些什么？你为什么现在不和那个人说呢？什么让你开不了口？

看一看你是如何回答这些问题的。想一想，到此刻为止，你的生命都是怎么度过的，经历了哪些欢乐和痛苦？你是否停下来过，闻闻花香，善待自己？你足够"自私"吗——允许自己做自己想做的事情？还是像西西弗斯，不断地将巨石推向山顶？生命里有什么东西，如果错过了，你会最后悔？是什么让你无法此刻就过自己想过的生活？

你希望怎样死去？你觉得怎样才算"好"死？你是想死得麻利一些，还是与众不同一些？你想在睡梦中死去吗？还是在车祸中丧生？还是在做爱时兴奋而死？你想死在某个特别的地方吗？临终之际，你想让谁陪在身边？你希望自己的葬礼是什么样子的？你想怎样处理自己的尸骨？你想让它埋葬在某个特别的地方吗？

哪种不朽体系对你而言是最重要的？你相信有来世、死后灵魂还在，还是认为死后就什么也没有了？你花过时间思考这些问题吗？你和别人谈论过这些问题吗？

下一步就是为自己写悼词。在你的葬礼上，你希望人们怎样评价你？你想在你的墓碑上写些什么？你希望在你死后你的孩子怎样怀念你？你希望其他人怎样怀念你？这些问题可以帮助你更好地表达你生命的"使命"。为了最大程度地实现自我、表达爱心、发挥潜能，你必须做些什么？你特有的潜能是什么？你如何实现这些潜能？有没有哪个人可以与你讨论，帮你找到这些问题的答案？

最后，写下你的遗愿。这件事我们总是一拖再拖，直到为时已晚。但是，写遗嘱是个很有用的练习：可以让你更加清楚死亡的不可避免性，也让你有机会评估生命中哪些东西对你而言比较重要，还可以让你决定如何处理自己的财产，把财产分给谁。

做完这些练习后，大多数人都愈加认识到生命有无限可能性，决定重新思考如何让自己过得更充实。这些问题也让你愈加明白，从此之后，你需要在生活方式方面做出哪些改变。重要的是好好活一回，因为正如苏格兰有句话所说的那样，你会死很久。

如果在这些问题上，你对自己足够开放、足够真诚，那么你会更深刻地理解并接受死亡。另外，如果你与家人、朋友或者其他你所在意的人讨论这些问题——不管刚开始讨论时会有多么不自在——那么你和他们之间的关系将变得更有意义。开放的心态，可以让你通过更加充实地活着来拥抱死亡，也可以让你向那些即将死去的人学习。当你和别人分享那些对你而言真正有意义的东西时，别人也会受到鼓励而敞开心扉，这样你们之间的关系就会更亲密。

用肯定生命的方式面对死亡，人的生命将获得尊严。人的生命之所以贬值，一个根本原因往往是拒斥死亡。认同我们的人性，就要面对我们动物般的肉体性——我们活在肉身上，肉身总有一天会腐烂，我们总有一天会死去。当我们还活在肉身上，我们就要尊重这段人类之旅。我们必须战胜恐惧，珍惜每一天，让每一刻都活得有意义。在探索生命、美丽和人类成就这些话题上，还有很多话可以说，重要的是活得没有遗憾。

下一个伟大的冒险

但是，即使很认真地完成了以上练习，很多人仍然难以克服人性最深的弱点：心理上不愿接受死亡这一无法逃避的事实。苏格拉底的见解仍然引人深思："先生们，害怕死亡就是在自作聪明，因为你是不懂装懂。没人知道死亡到底是什么，没准儿死亡是人类最大的福气呢。"

想一想，没有死亡的世界是什么样子？这种想象是不是很有趣？它有多大的吸引力？它不好的一面在哪里？即使半认真地思考这些问题，我们也会发现，死亡是生命的必要条件，不一定是坏的。马克·吐温曾经说过："任何活得长到理解了生命真谛的人，都会觉得我们应该深深感激亚当——人类的第一大恩人。他将死亡带到了世界上。"

阿拉伯有个古老的传说，名为《相约萨迈拉》，以死神的口吻讲述了下面这个故事。

巴格达有位商人，他派仆人去市场买东西。不久，仆人回来了，脸色煞白、浑身发抖地说："主人，刚才我在市场上撞到了人群中的一个女人，我回头一看，发现撞到的是死神。"

"她看着我，露出恐吓的表情。现在，主人，您一定要把您的马借给我，我要离开这个城市，逃避我的命运，我要去萨迈拉，这样，死神就找不到我了。"

　　商人把马借给仆人。仆人迅速上马，抽动鞭子，一溜烟地跑了。然后，商人来到市场，看到我站在人群里。他走向我，说："你早上看到我的仆人时，为什么要吓他？"

　　"我没有吓他，"我说，"那是惊讶的表情。在巴格达看到他，我很吃惊，因为我和他应该在今晚相约萨迈拉。"

　　正如这个故事所说的那样，我们无法掌控自己的命运，躲得过初一，躲不过十五。我们躲到某个地方，往往就是在这个地方碰到死神。犹太人有句谚语说："如果一个人命中注定会被淹死，那么一勺水也能让他淹死。"该来的，总会来。生与死之间的界限最好模糊一些。也许对死亡的恐惧远坏于死亡本身。19 世纪的美国小说家纳撒尼尔·霍桑写道："从噩梦中醒来的那一刻，我们有时会祝贺自己——死后的那一刻，可能也是如此。"死亡有确定的一面，也有不确定的一面，其不确定性减轻了其确定性。我们所有人都知道，死亡是下一个伟大的冒险。

后记 求真

生活的幸福在于思想的质量。

马克·奥勒留

人心所愿之土，

其美永不褪衰，

褪衰永不泛滥，

快乐在于智慧，

时间是无尽的歌。

威廉·叶芝（《人心所愿之土》）

睿智，就是知道什么该忽略。

威廉·詹姆斯

当你停止做贡献时，你就开始死亡。

埃莉诺·罗斯福

尤其要紧的是，你必须对你自己忠实；正像有了白昼才有黑夜一样，对自己忠实，才不会对别人欺诈。

莎士比亚（《哈姆雷特》第一幕，第三场）

这本书是我从经验中学习的结果，也是感悟这些经验的结果。如果不是在教学和咨询实践中与学生和来访者进行互动，我是写不出这本书的。"praxis"是个希腊词语，意思是反思性行动，或者说"做中学"。教育家用"praxis"来描述实践式学习的周期过程，从实践中发展理论，在实践中验证理论。"praxis"意味着获得隐性知识，这种知识镶嵌在个人经验中，只能通过"身教"进行有效转移。

我很重视"praxis"，经常通过反思自身经验来学习。我努力让执行官变成反思性实践者，在这一过程中，问题比答案重要。在与执行官的互动中，我通过处理疑惑、问题、难题或者挑战来学习。但是，人们认为我作为老师，所言应该大胆而自信，因为这样可以传递出我对周围世界的掌控感（以及确定感）。不幸的是，尽管这样做看似很有豪气，但却不利于学生的学习，也不利于我自身的学习。处理棘手的问题以及没有现成答案的问题时，我学到的东西最多。面对问题，你不得不深入思考和反思，不得不与人讨论。问题是通往领悟和深入学习的坦途，相反，只关注答案则会阻断学习过程。

为真

写完前面那些章节后，我认识到，在我自己以及他人的生活中，真诚是多么的重要。我看到过，人们是多么容易走上自欺欺人之路。哄骗自己并非长久之计，我们很多人要费一番苦功才了解这一点。但是，如果我们对自己都要撒谎，又怎么能诚心地对待他人？我们如何处理前面章节中所讨论的重要的存在问题？

这里我再次引用纳撒尼尔·霍桑的一句话："没有人能长时间面对自己是一副脸，面对大众是另一副脸，而不疑惑到底哪副脸是真的。"戴着面具、不对自己坦诚，会让我们付出惨重的代价。虚伪的问题在于，不管我们说什么、做什么，事后都会不得安宁。虚伪总会在背后戳我们的脊梁骨。正如美国作家马克·吐温说过的那样："如果你讲实话，你就不用刻意去记些什么。"如果我们对自己都不诚实，我们怎么可能对别人诚实？

对我而言，真诚意味着：对自己和他人都真心诚意，按照自己的价值观和原则行事，觉得自己所做的事是有意义的。真诚意味着，接受真实的自己，并不企图伪装。真诚意味着，不仅相信自己的优点，也要面对自己的弱点，泰然接受自己的不完美。说真话、面对事实、做正确的事，是需要勇气的。真诚也意味着，能够建立边界。为了取悦他人或者为了让他人不生自己的气而做某件事，是不真诚的。真诚也意味着，不把他人看作自己的延伸，而是把他人看作独立自主、需要尊重的个体。真诚也意味着，放手生命中虚伪的东西，放手那些没有任何意义的东西。真诚意味着，为人诚恳，不演戏，不戴面具。

正是这种真诚，让索菲·绍尔以及白玫瑰运动的故事如此令人难忘。德国有很多人认识到了纳粹统治到底意味着什么，知道战争失败了，也知道希特勒在自欺欺人，但是他们保持沉默。索菲和她的同伴却能勇敢地说出真相，尽管他们十分清楚这样做可能付出惨重的代价。他们知道，有的时候需要保持沉默，有的时候需要采取行动。他们知道言而不行不过是妄言。

当真诚植根于心中，它就会影响我们的一切言行，就像钻石打磨其他石头。如果我们是真诚的，我们就能赢得他人的信任，鼓舞身边的人，成为富有同理心的朋友和优秀的倾听者。通过对他人表示诚意，我们可以成为他人的情绪容器、安全港湾，从而帮助他人应对冲突和焦虑。如果我们是真诚的，那么我们就能善待他人，让自己变得慷慨又谦虚。如果我们的内心不能平静，我们怎么能在别处找到平静，或者让别人平静？如果我们对自己缺乏信心，我们怎能鼓舞别人？

"诚"是真诚的核心。如果我们是真诚的，那么我们就是可信的、可靠的，而且痛恨自己和他人的虚伪。真诚让信任成为可能：只有信任自己，我们才能信任别人，进而创建有意义的关系。信任也让我们在艰难的处境下有勇气坚持下去，让我们继续忠实于自己的价值观和信念。如果我们是真诚的，我们就能坚定不移、不屈不挠；就不会像墙头草，风吹两边倒。风平浪静时，谁都可以掌舵；只有在惊涛骇浪里，真正的舵手——真诚的人——才能凸显出来。因为逆境是最好的导师，危险是自力更生的基石。

重要的是认识到，如果我们身处坦途、一帆风顺，我们可能就无法知道自己是否真诚。与成功相比，我们能从失败中学到更多的东西。征服过艰难，我们会更有信心面对未来的险阻。因为真诚，才有勇气与众不同，而当我们身为少数派的时候，是最能看出我们是否具有勇气的时候。因为我们是社会动物，往往难以孤身坚持己见。剧作家亨利克·易卜生说过："世界上最强大的人，是那些总是特立独行的人。"尽管我们所有人并非都可以像索菲·绍尔那样勇敢，但是我们所有人都会时不时处于少数派的境地。当我们听从自己的内心，做自己相信是正确的事情时，我们有时会惹恼某些人，而我们更愿意与这些人保持一致。当我们坚信的东西结果被证明是错误的时候，我们得鼓起勇气承认错误。

真诚意味着，做对我们来说有意义的，让我们觉得自己是有用的事情。不幸的是，太多人庸庸碌碌过完自己的一生，没有产生任何意义感和有用感。他们就像梦游者，即使他们正忙于自认为重要的事情。因为我们所追求的东西是没有意义的。只有当我们有所作为时，我们才是真正地活着。卡尔·荣格曾经说过："在生命中，最微不足道但有意义的事物，也比最伟大但无意义的事情更有价值。"正如我在讨论不朽体系时所说的那样，我们需要信仰某种东西，我们需要某种东西能让我们为之投入满腔热情。我们需要觉得自己被这个世界需要着，我们需要觉得自己是有用的。

寻求意义

没有意义地活着，结果就是空虚地存在。我们需要超越无聊感、孤独感和疏离感——在这个物质丰富、生活便利的年代，这些感觉很常见。通过依附于某种大于我们自身的东西，我们得以实现那种超越。

小说家和政治活动家伊利·威塞尔（Elie Wiesel）说过："我们的责任就是赋予生活以意义，让生活不再被动、不再麻木。"西班牙诗人佩德罗·卡尔德隆·德·拉巴尔卡也有同感，他说："即使在梦中做善事也不是浪费。"在梦中追求善良、寻找意义，早晨醒来后我们仍然会回味无穷，想继续下去。据我的经验来看，最幸福的人是那些为了生活的意义有意识地努力的人，不是那些生活像流动的盛宴的人，也不是那些企图通过不停地参加派对，做一些无意义的事情来掩盖心底的抑郁的人。后面的几种人只是在假装幸福罢了。真正的幸福是基于内心的平静感，源于我们相信"因为我们对他人是有用的，所以我们的生活是有意义的"。当我们全身心地投入自己喜欢的工作，为自己定的目标而努力时，我们就处于最佳状态，是最幸福的。

意义不是某种突然降临到我们头上的东西，它需要我们在生活中去构建。意义扎根于我们的成长史，源于我们生活中的重要经历；意义是我们长期以来所建立的关系网络的一部分；意义取决于我们的能力和才干；意义构建于让我们觉得自己是活着的事情上。然而，把这些成分调和成一杯对我们而言有意义的鸡尾酒，则是我们自己的事情。毕竟，所有的意义取决于阐释过程。

我们寻找生命意义的真正目的，是感受活着。我们想要我们的体验（即外在现实），与我们的内在现实产生共鸣。只有当我们所从事的活动符合我们的价值观、信仰以及我们自我概念的其他重要元素时，我们才能获得意义。文艺复兴时期的学者米歇尔·德·蒙田写道："人性伟大而光辉的一面就是知道怎样有目标地活着。"

托马斯·厄·肯培（Thomas à Kempis），文艺复兴时期一个罗马天主教僧侣，讲了一个故事，说一个小和尚向他的师父抱怨说："你给我们讲故事，却从不揭示故事的含义。"师父回答说："如果某人给你水果，嚼碎了之后再吐给你，你喜欢这样吗？"就像这个小和尚一样，我们的挑战是从日常经验中提炼意义，这种事情必须由我们亲自完成。意义不是现成的，需要我们去挖掘。生命真正的意义也许在于，知道自己永远不可能坐到树荫下而还要种树。

为人真诚与追求意义是形影不离的。有句话说："说你真心想说的，然后说话算话。"什么东西都没有意义，除非我们赋予它意义。而只有在找到意义的时候，我们才能找到幸福。在讨论"幸福"时，我提到过希腊的一套自我实现理论——eudaimonism。尽管这个词语经常被翻译成"幸福"，但是，更恰当的翻译——可能没那么简洁了——应该是"按照自己的真实意愿行事时的感觉"。"eudaimonism"中的"daimon"——"精神"——指给我们的生活指引方向，激励我们创造意义的东西。

教育家海伦·凯勒曾经说过："很多人对什么构成真正的幸福抱有错误的想法。幸福不是从自我满足中得到的，而是对一个有价值的目标的执着追求。"她比大多数人都更明白这一点。婴儿时期得过一场大病之后，她变得又聋又哑。后来，在她自身的巨大努力下，以及她的老师安妮·沙利文（安妮·沙利文曾经半盲过，后来治好了）的帮助下，她学会了用盲文读写。长大后，她将所有的精力都用来帮助失聪和失明的人。她写过很多书，其中

很多被威廉·吉布森改编成剧本，比如《苦海奇人》(The Miracle
Worker)。这本书还赢得了普利策奖，后来被制作成电影。海
伦·凯勒在全世界巡回演讲，呼吁人们关注和自己一样经历过苦
难的人。她的灵性、她的无私、她的勇气以及她的毅力鼓舞了很
多人，她的风度、她的同情以及她的关怀也一样。这些特质对她
自己也很有用，能够增强她的自我价值感，有助于她的心理健康。

　　我们大多数人都希望，别人回忆起我们时说："这个人竭尽所
能地帮过我。"在我自己的人生旅程上，在给企业领导人提供咨
询和辅导的过程中，我通过帮助他们充分开发潜能，充当他们心
灵之旅的向导，鼓励他们实现自己的长处、面对自己的短处，来
寻求意义。我喜欢指导他们实现转变。我希望人们意识到心理健
康源于自己的选择，不是别人赐予的。我希望人们拥有自己的生
活，不被别人操纵。我希望帮助人们在生活中实现有意义的平衡。
我希望处于领导地位的人追求这些目标的时候，会给他们所经营
的企业带来积极的影响。我希望能为创建一个这样的组织尽些微
薄之力：在这样的组织里，人们能找到人生目标，觉得自己是完
整的、是活着的，拥有学习和成长的机会，相信自己能够有所作
为。有时，我甚至希望，创建这样的组织——一个人人平等、唾
弃不公的地方——能在某种程度上让世界变得更美好一些。（谁知
道呢？）

　　我鼓励执行官创建我称之为"authentizotic"型的组织，这个
单词是我用两个希腊词语"ahthenteekos"（真诚）和"zoteekos"
（生命中不可或缺的）合成的。"ahthenteekos"意味着，一个组织
通过其愿景、使命、文化、结构，为在那里工作的人提供意义。

在组织背景下，"zoteekos"意味着人们因为工作而充满活力。这个词语用于描述这种组织：允许员工张扬个性，并让员工拥有效能感和胜任感，鼓励员工独立自主、积极主动、创新求变，弘扬企业家精神和勤奋精神。在这样的组织里，人们一般都会很快乐。一个不仅仅是赚钱而是有着更加崇高目标的公司，从本质上来说更可信、更值得支持。一个创造意义的公司也许更能盈利，因为它的员工更忠诚——这么说可能有些调侃。没有意义的一生，不可能是伟大的一生；而工作没有意义，生命自然难以有意义。

在人类寻求意义这个领域，探索最广的一个人是意义疗法之父——维克多·弗兰克。他用自己在纳粹集中营的经历表明：专注于境况背后的原因，而不是境况之后的结果，一个人活下去的可能性更大，即使在最糟糕的境况之下也是如此。在关押期间，他发现那些能够在不幸的境况中活下来的人，是那些能在生命之中找到意义的人。同一般人群相比，在对生和死都怀有目标的狱友当中，冷漠和死亡发生的可能性要小。弗兰克对极端境况下人们的行为的观察，有助于我们更好地理解：意义是怎样增强人们的自尊感，以及怎样帮助人们进行自我肯定的。弗兰克还认为，每个人都有一种为自己的存在寻找意义的内在倾向。

弗兰克倾其一生宣扬人类的主要动机是寻找意义和目标。他认为，人们寻找的其实不是幸福，而是幸福的理由。如果人们能够充分利用所处的环境，在最暗淡的境况下找到意义，就能获得满足。按照弗兰克的说法，如果一个人寻找意义的欲望被压制的话，他/她就会感到极其沮丧，甚至精神崩溃。

弗兰克丕提出了一个概念"悲剧的乐观主义"（tragic

optimism），这是一种化悲伤为力量的能力，一种不管境况有多糟也能寻求进步的能力，这种心态能让人具有责任感。用弗兰克的话说，就是"如果一个人认识到自己对深情等待自己的人负有责任，或者对未完成的工作负有责任，那么他/她就决不会抛弃生命"。他/她知道自己"为什么"存在，所以能够忍受任何折磨。根据弗兰克的说法，没有意义，我们就是空虚的存在，我们就会遭受"深渊体验"（abyss experience）的折磨，轻易放弃。为了心理的健康，我们需要觉得生命是有目标的，所做的事情是符合我们的价值观、信仰以及自我概念中其他重要东西的。这样，方向感和目标感（不管它是什么形式），都有助于心理平衡。正如我在有关死亡的那篇中所说过的那样，寻找意义是创造不朽的一种方式。

周围的一切，我们都能从中找到意义。我们能在关系、工作、善行，甚至宗教信仰中发现意义。所有这些意义源都有一个共同点：愿意超越狭隘的利己主义，归属于某种更大的存在。自私的人只想成为第一，而无私的人则想为他人带去幸福，并把自己的幸福建立在这个基础之上。既然帮助别人能让人对自己、对这个世界感觉更加良好，那么我们就来专门讨论一下出于自私目的的利他行为。

利他动机

什么是利他主义？利他主义的英文为"altruism"，词根是"alter"，意思为"他人"，从字面上翻译的话，应该是"他人主义"。这个词语是法国哲学家奥古斯特·孔德（Auguste Comte）于150年前发明的，按照他的说法，利他主义是致力于实现他人的幸福，完全没有私心。利他主义可以看作一种动机，其目标是改善他人的境况。看到别人幸福，利他主义者会快乐；看到别人受苦，利他主义者会痛苦。真正的利他行为是完全无私的，牺牲自己也毫无怨言。

为什么我们会表现出利他行为？为什么我们会帮助别人？这个问题有个非常功利主义的答案，那就是：我们之所以帮助别人，是因为我们别无选择，社会期望我们这样做，这样做能最大限度地实现我们自己的利益。我们帮助某个人，也许是因为我们想与他／她维持关系，或者是因为我们想得到回报。互惠是个普遍原则，在各种形式的人类社会中都起到重要的作用。

于是，我们遇到一个有趣的问题：是否所有的利他行为都是为了实现自己的某种利益，不管这种企图被掩饰得多么好？例如，亲属关系也许是最基本、最广泛的一种人际关系。我们大多数人，都会善待父母、配偶、孩子和朋友。大体上，谁与我们的关系最近，我们往往对谁最好。家庭的利益与整个社会的利益相比，我们更看重前者，这是人类行为的固有倾向。从进化学和生物学的角度来说，这种倾向有着充足的理由。

但是，人真的能超越亲属关系和自我利益，真诚地帮助别人，没有任何企图吗？利他行为可以成为人的境况的一部分吗？真的有人喜欢做好事而不被人发现吗？还是我们所做的一切都有自私的理由？

真正的利他主义是否存在？人们在这个问题上一直争论不休。

大多数生物学家和心理学家认为，从本质上来说，我们是纯粹自私的，我们只会在不侵害自己利益的前提下帮助别人。我们所做的一切，不管多么高尚、能给别人带来多大的好处，其终极目标都是为了实现自己的利益。只有不存一点私心时，一个人的行为才可以称作利他行为；一旦人们开始考虑自己的利益，其行为就不算利他行为。既然不管我们做什么，我们都存在一定程度的私心，那么真正的利他主义是不存在的。

当然，某些形式的自利主义很明显，比如，当我们为所做的事情收受钱财或者接受赞扬时。即使奖赏没有这么明显，我们仍然会获得某些好处。例如，看到某人陷入麻烦，我们会难过，即使看起来十分纯粹的利他行为，其目的也可以看作是为了缓解我们自身的痛苦。另外，当我们拿自己同那些什么也不做的人相比时，我们会感觉良好，觉得自己很高尚。这是一种额外的"自私"激励因子。如果按照这种严格的标准来界定利他行为的话，那么即使是修女特蕾莎的助人行为也有自私的成分。

对于什么是自私、什么是无私的问题，也许只有社会学家才会热衷于这样较真儿。但是，我们真的在乎吗？我们大多数人的动机并不是这样明确。我们所做的事情，大多数是为了实现自己的利益，但是这并非意味着：不管人类做什么，其终极目标绝不可能是造福别人。我们大多数人的行为动机，既有自私的成分，也有无私的成分。

我再次以自己亲人的经历为例说明一下。第二次世界大战期间，我的外祖父母和我的母亲照顾过很多"onderduikers"（长期藏起来免得被送入纳粹集中营的人）。当我的亲人照顾这些人的时候，他们是否在想"现在我照顾这些人，他们将来——战争结束后——会报答我吗？"他们向村子里的其他人炫耀过他们的勇敢吗？他们的脑子里是否出现过这样的想法：因为他们的善行，日后他们可能受到以色列的嘉奖？可我现在不能这么去问他们，当他们决定帮助这些人的时候，脑子里有哪些想法。但是就我所知，根据小时候他们对我所讲的故事，我觉得他们绝不是出于这样的想法而帮助这些人。从他们所讲的故事中可以看出，他们救助这些人是因为他们觉得这样做是正确的。他们非常富有同情心，给这些人提供住处和食物，甚至冒着失去自己生命的危险。他们之所以这样做是因为，在那种情况下，帮助别人对他们而言很重要。实际上，最后，我的家人被以色列授予"正义的非犹太人"（Righteous Gentiles）称号，但是，那时只有我母亲一个人还活着。

显然，有时人们帮助别人是想得到回报，不管是为了提高自尊，还是为了得到别人的认可，或者是为了缓解因看到别人受苦而感受到的压力，甚至是免得日后自己会因为没有提供帮助而内疚。但是，人们有时确实也会表现出牺牲自己、帮助别人的行为。有时，在不可能得到明显回报的情况下，人们还是会帮助别人。有时，人们帮助别人，是因为这样做他们会好受一些。有时，人们帮助别人，是因为看到别人高兴，他们自己也会高兴。有时，人们帮助别人，是因为这样做会让他们的生命具有意义。

很多人通过帮助别人寻求生命的意义，金融大鳄乔治·索罗斯就是其中一个很好的例子。索罗斯出生于布达佩斯一个富有的犹太家庭，小时候的生活无忧无虑，但是随着纳粹入侵匈牙利，他的幸福童年结束了。为了避免被抓进集中营，索罗斯一家逃出了匈牙利，来到伦敦。这次逃难经历对他的心灵造成很大的影响。在伦敦，他选择了哲学专业，打算成为一名哲学家，后来由于现实原因，他放弃了这一计划，加入了一家商业银行。不久，他建立了自己的投资基金，而且极其成功，持续盈利多年。索罗斯没有把所挣的钱揣在口袋里，而是拿出了很大一部分建立了一个慈善机构网。他的大部分善款都用于中欧，从匈牙利开始。他在那里创立奖学金，提供科技援助，帮助学校和商业机构进行现代化改革。他寻找生命意义的方式，就是在这些国家建立稳定的民主制度。

我坚信，当我们通过积极助人把幸福传递给别人时，我们的幸福感也会提升。所有我见过的从事志愿活动的人都报告说，当他们参加志愿者项目时，幸福感会提升，而且觉得自己充满活力、精力十足。他们还报告说，志愿活动让他们的内心不再觉得空虚——内心空虚是很多人为极端个人主义所付出的代价。当我们伸出手帮助别人时，当我们从个人主义者向好公民转变时，我们是最幸福的。

斯多葛学派哲学家伊壁鸠鲁说："所有的人都在寻找幸福的生活，但是很多人混淆了手段——比如，财富和地位——与生活本身。把焦点错误地放在手段上，让人们离幸福的生活越来越远。真正有价值的东西是构成幸福生活的德行，而不是看起来能带来幸福生活的外在手段。"通过超越极端个人主义的利他行为来寻找意义，让很多人走到一起来，使他们觉得自己是人类社会的一部分，也让他们自我感觉良好。列夫·托尔斯泰说过："生命的唯一意义是造福人类。"为"红十字会"、"世界经济论坛"以及"医学无国界"等组织工作的人，对工作的承诺感是别人难以企及的。他们有责任感、教养和风度，相信自己的努力能够让世界变得更美好。他们的工作让他们深深地感到满足和幸福。真正让我们的生命具有意义的是，不在于我们得到什么，而在于我们成为什么样的人，做出什么样的贡献。

我们必须记住，自私主义是一种麻醉剂，用途是缓解由愚蠢导致的痛苦。自私主义也许确实能够止痛，但是不会让固守这种人生策略的举动不那么愚蠢。自恋的人和自私的人到最后只能孤孤单单、闷闷不乐。自我封闭的人，也就是那些在人际交往方面存在障碍，将自己与外界隔绝开来，很少或根本没有社交活动的人，是世界上最不幸福的人。

拥有智慧

经历过艰难困苦，并从中学习，才会获得真诚和智慧。有句话说："不犯错，就不能积累经验；没经验，就没有智慧。"智慧通常见于那些生活中经历过巨大挫折，然后重新站起来的人身上。法国小说家马塞尔·普鲁斯特写道："智慧不是外界赋予我们的，智慧只有靠我们自己去发现。在经过一段无人能替我们走、无人能为我们分担的旅程之后，我们会看见她。"失败和痛苦为洞察铺路，错误是稚嫩和智慧之间的桥梁。失败是智慧的基石，真诚的材料。失败遗留下来的记忆是自我反思的催化剂。

这里讲一个故事。古时候，有一个佛学造诣很深的年轻人，他听说某个寺庙里有位德高望重的老禅师，便前去拜访。老禅师的徒弟接待他时，他态度傲慢，心想："我是佛学造诣很深的人，你算老几？"后来老禅师十分恭敬地接待了他，并为他沏茶。可在倒水时，明明杯子已经满了，老禅师还不停地倒。他不解地问："大师，为什么杯子已经满了，还要往里倒？"大师说："你的心就像这个杯子，已经爆满了，装不下任何新东西了。我什么也不能教你，你走吧。等你的心腾出一些地方后，再来吧。"自恋的人很少有自知之明。为了获得自知之明和智慧，我们需要有开放的心态，愿意尝试新东西。正如《圣经》里的一句话所说的那样："经验是智慧之母。"

真诚和睿智有着紧密的联系，两者互为基础、互相促进。这两者聚焦于我们的存在之旅，如果我们想要理解我们的生命到底是什么，我们得审视自己，尽管这一过程可能很痛苦。愿意审视自己，是获得智慧的必要条件。正如希腊戏剧家埃斯库罗斯所说的那样："智慧源于苦难。"只有理解了我们自身令人不快的那部分，我们才能远离并且克服我们阴暗的一面。智慧不仅源于经验，而且源于对经验的思考。希腊古都德尔菲的阿波罗神庙的大门上，写着"了解你自己"，这句话今天仍然很有深意。

智慧意味着个体功能和人际功能高度发展。精神分析大师埃里克·埃里克森将智慧与正直、创建力（愿意关心他人）联系在一起。他将人生划分成不同阶段，每个阶段有不同的挑战，挑战的级别越来越高，成功应对每个阶段的挑战之后，个体就会获得构成智慧的核心心理品质。在埃里克森的理论里，智慧意味着关心他人的幸福、认可人际差异、容忍模糊性、接受世事的不确定性。我认为，智慧还意味着同理心、情绪调节能力、倾听理解他

人的能力、判断力、接受他人劝告的能力。最后，智慧还意味着
掌握管理生命、创造意义的策略，意味着知道生命的责任和目标，
意味着一定程度上理解人的境况。但是，最后——正如伊壁鸠鲁
提醒我们的一样——智慧源于行动，而非空谈。

　　接受自我、接受自己的过去，并非总是那么容易。我们所有
人都擅长欺骗自己，这种防卫机制给我们的自我探索之旅造成很
多障碍。我们需要克服这些障碍，只有攻克这些障碍、了解自己，
我们才能真正地自由、真正地活着。理解内心世界，是征服外在
世界——从而获得智慧——的关键。只有全面地了解自己，我们
才能准确地判断别人。

　　那么，我们要怎样了解自己呢？过去，宗教在社会生活中占
有非常重要的地位，人们大部分时间都在教堂度过。祷告让他们
有机会反思评价自己的生命。今天，结构化的宗教活动不再那么
常见了，尽管今天安静的时刻对我们而言和过去一样重要。我们
都需要时间进行自我更新和自我反思。为了个人的成长，我们需
要时间独处，以审视自己所做的事情，思考什么对我们而言是正
确的、好的。我们需要时间凝视自己的优点和缺点，我们需要时
间发挥自己的想象力，我们需要时间做梦。

　　单靠自己并非总能达到自我反思的目的。相反，为了进行自
我反思，我们也许需要专业帮助。我们也许需要咨询某个人，这
个人能倾听我们的想法和幻想，帮助我们解梦（包括白日梦），当
我们陷入恶性循环时将我们拉出来，帮助我们看到过去和现在之
间的关键联系，指引我们走向更加美好的未来。这种谈话通常令
人不舒服，因为需要我们彻底向别人敞开心扉，这需要极大的信

任。但是，找一个人陪着我们走过自我发现之旅，对我们的个人成长大有裨益，能帮助我们看到更多的可能性，还能阻止我们犯下追悔莫及的错误。

很多缺乏勇气进行自我探索的人，会采取一种"病态防卫"策略（我早先说过的）。他们从自我发现之旅上跑开了，而且是不停地跑。他们欺骗自己，以为行动等于幸福。他们担心，一旦自己停下来，就会看到自己生命的空虚。人生苦短，可是这些人却把时间浪费在不得要领的行动上。他们为什么要跑？他们要跑向哪里？正如圣雄甘地曾经说过的那样："人生的意义不仅仅是加快生活的速度。"对于那些依赖病态防卫策略的人而言，生命的大部分时间都在他们还不清楚生命是什么、生命意味着什么的情况下逝去了。

除非我们愿意放弃幸福，否则我们需要追求智慧，拒绝成为疲于奔命症的牺牲品。约翰·列侬在一首歌（Beautiful Boy）里唱道："生活就是你在忙于制定别的计划时所发生的一切。"我们不想让我们的生活变成这样。我们需要思考什么东西对我们而言是最重要的，并据此将生活中的事情安排出一个轻重缓急。如果我们选择做自己真正喜欢做的事情，过充实的生活，那么我们距离幸福就不远了。

闻闻花香

寻找幸福的旅程并没有到站之说，并不是达到某个地方之后，心中就溢满幸福。当我们达到终点时，不会出现奇迹，因为根本就没有终点，总有下一站。幸福在我们的旅途之中。

　　这里，再讲一个禅理故事。

　　有个女人听说一个遥远的地方有一个神奇的峡谷，那里满是美丽的花朵。她决定找到这个地方并亲眼看一看它。尽管她启程时满怀希望，但是没想到旅程竟然那么长。几天过去了，几周过去了，几个月过去了，几年过去了。最后，她来到一片森林旁，累得快要虚脱了。她看到有个老人靠着一棵树，于是问道："老人家，我在找一个满是美丽花朵的神奇峡谷，我已经找了很长时间，自己都记不清找了多久。您能告诉我还要走多远吗？"老人回答说："峡谷就在你的身后，你没有注意到吗？你走过了。"

　　正如这篇寓言所阐释的那样，重要的是关注旅程、沿途的风景、旅伴，而不是目的地。我们需要享受旅程，而不是焦躁地计算自己走过了多少公里。很多人忙于爬梯子，结果却发现梯子靠错了墙。我们需要享受生活中的小事，因为小事最后往往会变成大事。

　　苏格拉底曾经说过，未经审视的生活不值得过。同样，我们可以说，未过的生活不值得审视。如果我们认真地追求幸福、意义、智慧和真诚，那么我们就不能白活，我们需要珍视每时每刻。引用马克·奥勒留的一句话："人不该惧怕死亡，而该担心自己从未活过。"时候已经不早了，我们应该意识到这一点了。

　　罗马诗人贺拉斯写过一首献诗《颂歌·卷一·十一》：

不要问——我们不可能知道——天神为你我安排了怎样的结局，也不要用巴比伦的星相学测算。直面不论何种未来！不论朱庇特①给我们许多冬天，还是仅此最后一冬——它正挟着第勒尼安海的海浪在岩礁上销蚀！聪明一些，斟满酒盅，抛开长期的希望。在我讲述的此时此刻，生命也在不断衰亡。因此，及时行乐，不必为明天着想。

及时行乐——只争朝夕——也许是陈词滥调，但是，这句话在今天仍然像贺拉斯刚刚写下时一样正确。同时，走你自己想走的路。我经常告诫自己，不要像以下故事中所讲的商人那样。

有个商人总是向自己的孩子们许诺说带他们去钓鱼，但是，他太忙了，一直没有兑现诺言。一天，一支送葬队伍抬着一口棺材经过他家门口。"你们认为他要去哪？"他问孩子们。"钓鱼。"孩子们回答说。

---

① 古罗马神话中的众神之王，相对应于古希腊神话的宙斯，西方天文学对木星的称呼以其命名。——编者注

作者简介

很多人都在研究领导力、个体转变与组织变革动力学，曼弗雷德·F.R.凯茨·德·弗里斯（Manfred F.R.Kets de Vries）的视角则颇为独特。曼弗雷德有着经济学背景（阿姆斯特丹大学经济学博士）、管理学背景（哈佛商学院，国际教师项目参与者、工商管理硕士、工商管理博士）和心理分析背景（加拿大心理分析协会及国际心理分析协会的会员），所以他能够审视国际管理、心理分析、心理治疗以及动力精神病学的交叉之处。他特别感兴趣的领域是领导力开发与培训、生涯动力学、执行官的压力、企业家精神、家族企业、接班人计划、跨文化管理、创建高绩效团队以及个体转变与组织变革动力学。

作为领导力发展临床教授，曼弗雷德在欧洲工商管理学院（法国、新加坡及阿布扎比）任劳尔·德·维特里·德沃克特（Raoul de Vitry d'Avaucourt）领导培训机构主席职位。他还是欧洲工商管理学院全球领导力中心的主任。另外，他是欧洲工商管理学院高管研讨班"领导的挑战：培养反思型领导者"的项目主任（并 5 次获得欧洲工商管理学院杰出教师奖）。他曾在麦吉尔大学、蒙特利尔高级商业研究学院以及哈佛商学院执教过，而且在世界多个管理机构讲过课。他也是坐落于柏林的欧洲管理和科技学院领导力发展与研究方面的杰出教授。他是国际组织心理分析研究学会的创始人之一。《金融时报》、法国《资本》杂志、德国《经济周刊》和《经济学人》评价他为"管理思想家世界五十强之一"、"人力资源管理界最有影响力的人物之一"。

曼弗雷德是 30 多本书的作者、共同作者或者编辑，其中有《权力与企业理念》、《不理性的执行官》、《神经质组织》、《领导、傻瓜与骗子》、《性格研究手册》、《领导的奥秘》（东方出版社，2009 年 1 月）、《幸福等式》、《与恶魔作斗争》、《沙发上的组织》、《俄罗斯新商业精英》、《亚历山大大帝的领导艺术》、《恐吓式领导的艺术》、《全球执行官领导力调查》、《沙发上的领导》、《教练与沙发》、《沙发上的家族企业·有关性格与领导力的思考》。此外还有 4 本新书正待出版。

另外，曼弗雷德发表了 300 多篇科学论文，其中有的是单独的文章，有的是书中的某些章节。迄今为止，他还写了近 100 多个案例研究，其中有 8 个获得"ECCH 年度最佳案例奖"。他的文章发表在《纽约时报》、《华尔街日报》、《洛杉矶时报》、《财富》、《商业周刊》、《经济学人》、《金融时报》以及《国际先驱论坛报》等刊物上。他还定期给很多杂志供稿。他的书和文章被翻译成 30 多种文字。他是《管理学会》编委会 17 个成员之一，也是少数几个被选为管理学会资深会员的欧洲人之一。他还是首位因"对领导力培训和董事会治理做出杰出贡献"而获得"国际领导力奖"

的非美籍获奖者。

曼弗雷德是美国、加拿大、欧洲、非洲、澳大利亚以及亚洲很多一流公司组织设计/变革，以及战略性人力资源管理方面的顾问。作为执行官领导力发展方面的全球顾问，他的客户包括ABB公司、荷兰银行、宾森哲、荷兰全球保险集团、法液空集团、加拿大铝业公司、阿尔卡特公司、贝恩管理咨询公司、邦·奥陆芬（Bang&Olufsen）、邦尼、英国石油公司、德意志银行、爱立信、通用电气资融公司、高盛、喜力、抵押联合银行、英国大宗商品基金公司Investec、毕马威国际会计公司、乐高、自由生活（Liberty Life）、德国汉莎航空公司、伦贝克公司、麦肯锡、澳大利亚国家银行、诺基亚、诺华、诺和诺德、俄罗斯标准、米勒啤酒公司、壳牌、SHV公司、斯宾塞-斯图亚特咨询公司、南非标准银行、联合利华公司和沃尔沃汽车公司。他在40多个国家做过讲师和顾问。

2008年11月，在洛杉矶举办的国际领导力协会第十届大会上，有6个人获得"国际领导力终身成就奖"，曼弗雷德·F.R.凯茨·德·弗里斯是其中之一。荷兰政府授予曼弗雷德"奥兰治·拿骚命令官"的殊荣。他是第一个在外蒙古飞钓的人，而且是纽约探险俱乐部的会员。在闲暇时间里，你能够在中非的热带雨林或者稀树大草原上、西伯利亚针叶林、阿纳姆地、帕米尔高山上、阿尔泰高地或者北极圈里面找到他。